润滑一点通

「第二版」

龙蟠科技研究院 编著

内容提要

本书明确地回答了汽车用润滑油在使用过程中常见的一些问题和处理方法，同时介绍了国内目前各类汽车使用的发动机油、摩托车油、内燃机油、齿轮油、液压油、液力传动油与自动变速箱油、润滑脂、防冻液、汽车养护用品等产品的新发展、产品标准、分类、规格、性能、正确选用及注意事项等。

本书可以帮助广大消费者和汽车维修人员掌握一些车用润滑油方面的知识，可以指导根据各自车型及性能正确地选用不同规格、不同牌号的润滑油、脂、液，使汽车发挥出最佳的工况，节省燃油，减少维修次数，降低使用成本，改善尾气排放，达到利己利国的目的。

图书在版编目（CIP）数据

润滑一点通 / 龙蟠科技研究院编著. — 2版. — 北京：中国石化出版社，2021.3（2024.4重印）

ISBN 978-7-5114-6162-9

Ⅰ. ①润… Ⅱ. ①龙… Ⅲ. ①车用机油 Ⅳ. ①TE626.3

中国版本图书馆 CIP 数据核字（2021）第 049203 号

中国石化出版社出版发行

地址：北京市东城区安定门外大街58号
邮编：100011 电话：（010）57512500
发行部电话：（010）57512575
http：//www.sinopec-press.com
E-mail：press@sinopec.com
番茄云印刷（沧州）有限公司印刷
全国各地新华书店经销

*

850×1168毫米 32开本 5.125印张 133千字
2021年3月第2版 2024年4月第2次印刷
定价：30.00元

第二版前言

PREFACE

汽车工业是一国重器，作为全球汽车保有量最大的国家，中国的汽车产业正在经历高速发展阶段，并对社会生活产生了深远的影响。从人人艳羡的高档资产，摇身变为几亿人购买使用的代步工具，汽车已经走进亿万家庭，成为中国人最重要的出行工具。随着汽车产业的发展，汽车养护服务随之蓬勃兴起，而润滑油则是汽车养护服务最重要的环节之一。用科学的技术哺育行业的持续健康发展，让每个车主都懂一点实用的润滑油知识，是我们十一年前编写《润滑一点通》的初衷。

润滑油液是汽车性能充分发挥的重要保障，用好润滑油、用对润滑油，可以起到节省燃油、延长发动机寿命、减少车辆维修次数、降低使用成本等重要效果。作为一本简单易懂的科普书籍，本书用深入浅出的语言，介绍了国内目前各类汽车使用的发动机油、齿轮油、制动液、冷却液等产品的新发展、产品标准、分类、规格、性能、正确选用及注意事项等，自2010年出版以来，得到了广大车主消费者和汽车维修行业从业人士的普遍青睐，为他们正确地选择润滑油产品提供了科学的技术指导，也为汽车产业前后端的技术协作架起了一座沟通桥梁。

2021年是乘用车国六标准、商用车国六标准在全国范围内的正式实施之年，国六乘用车、商用车所适配的润滑油质量等级也与过去的车辆有很大区别。因此，我们选择在2021年对《润滑一点通》一书进行再版，相信对于润滑油行业、汽车后市场行业和普通车主消费者，都将发挥重要的指导意义。

《润滑一点通（第二版）》由龙蟠科技研究院杨操、史莹飞、崔军、高珍琪负责编写，针对汽车行业近年来的发展和润滑油相关产品升级换代的情况，对第一版内容进行了全面的增补和修订，增加了SP发动机油、自动变速箱油、新能源冷却液等产品的相关介绍，使之更符合当前及未来一段时期内润滑油行业的发展趋势和读者的使用需求。

绿色出行，利国利民。希望本书的出版能为社会生活环境的改善、为汽车行业的革新尽到绵薄之力，感谢大家的品读。

龙蟠科技　石俊峰

2021年1月20日

目录
CONTENTS

一、发动机油基础知识

二、摩托车油基础知识

三、内燃机油故障原因分析

四、齿轮油基础知识

五、液压油基础知识

六、液力传动油与自动变速箱油基础知识

七、润滑脂基础知识

八、防冻液基础知识

九、制动液基础知识

十、汽车养护用品基础知识

十一、如何选择合适的机油

十二、润滑油的指标及使用意义

一

发动机油基础知识

1 我国汽油机油质量等级的分类

汽油机油随着汽油发动机的设计、应用工况、节能、环保要求的变化而发展，与发动机的生产年代相关。API汽油机油的质量等级以S开头，后面跟上字母A、B、C、D……，顺序越往后，质量等级越高，使用性能越好，见图1-1。目前美国石油学会API的汽油机油质量等级标准已经颁布到SP级别（2020年5月1日发布），而我国汽油机油标准GB 11121—2006《汽油机油》参照采用ASTM D4485-04《发动机油性能规范标准》，最高质量等级标准要求只到API SL，有待更新升级。

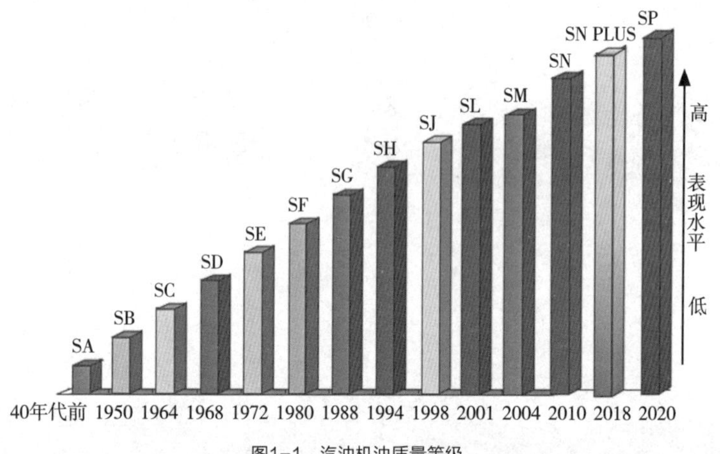

图1-1 汽油机油质量等级

汽油机油规格的升级换代的源动力来自几个方面：对汽车排放越来越严、燃油经济性、发动机本身的技术进步、延长换油周期。目前我国市场上销售的汽油机油存在SG～SP高、中、低档油的共存局面。

2 汽油机油规格发展原因

汽油机油规格发展原因见表1-1。

表1-1 汽油机油规格发展原因

质量等级	规格发展原因
SA	不加添加剂，全世界均已淘汰

续表

质量等级	规格发展原因
SB	加少量抗氧剂、抗磨剂，已淘汰
SC	1964年发布，要求加抗氧、抗磨、清净分散剂，已淘汰
SD	1968年发布，由于美国排放法规限制CO、NO_x排放，发动机安装PCV阀，机油易产生油泥，为改进发动机油低温性能而发展，已淘汰
SE	1972年发布，当时美国发展高速公路，汽车安装空调，为提高机油耐高温性能而发展，已淘汰
SF	1980年发布，汽车小型化，机油容量减少，高速公路发展，需进一步提高机油的耐高温性能，适用于化油器轿车，已淘汰
SG	1989年发布，欧美发现汽车在高温高速和市区低温低速交叉行驶情况下，产生沉积于曲轴箱内的黑色油泥，并堵塞油路。SG较SF在低温、高温性能上有明显改进，适用于电喷车，已淘汰
SH	1994年发布，SH与SG在评定设备、通过指标上没有变化，但SH台架评分方法采用MTAC原则。质量比SG稳定，磷含量小于0.12%，适用于电喷车，已淘汰
GF-1	加上节能台架VI，变成GF-1，节油效果EC-2（节省燃料不小于2.2%），满足1994年以后生产的车，已淘汰
SJ	1997年发布，增加沉积试验、挥发性试验、高温抗泡试验并提出凝胶指数要求，为适应环保要求规定磷含量小于0.1%
GF-2	1996年10月开始执行，1997年8月强制执行，节能更严，采用节能台架VIA，即满足1997年以后生产的车。节油效果EC-2（节省燃料不小于2.7%）
SL	2001年发布，加强氧化控制，改进燃料经济性和持久性，为适应环保要求，规定磷含量（0.08%）等
GF-3	2001年6月强制执行。在低温启动性能、油品挥发性能和降低发动机磨损等方面有更高要求
SM	2004年发布，抗氧化要求更严，进一步降低磷含量为不大于0.08%，硫含量不大于0.5%
GF-4	2005年4月强制执行。对燃料经济性、油品中的磷含量和硫含量提出新的要求，这将有助于提高润滑油延长新型发动机使用寿命的能力，改善润滑油的高温性能
SN	2010年发布，适用于2009年以后生产的新型高档轿车，满足欧V排放标准，限制磷含量为0.06%~0.08%，具有更加卓越的沉积物控制能力、油泥抑制能力、抗氧化能力及抗磨损能力
GF-5	在SN的基础上加了程序VID节能台架性能要求

续表

质量等级	规格发展原因
SN PLUS	2018年5月1日API正式颁发乘用车发动机油补充类别API SN PLUS的许可，对SN的基础油增加抗低速早燃测试台架，适用于直喷发动机，有效减少直喷发动机低速早燃现象发生的频次
SP/GF-6	2020年5月1日正式发布，GF-6分为GF-6A和GF-6B，其中GF-6A生效之日起替代GF-5及以下标准，GF-6B不能兼容以前的老标准，只能推荐用于使用0W-16的新车

3 我国柴油机油质量等级的分类

API柴油油机油的质量等级以C开头，后面跟上字母A、B、C、D……，柴油机油随着发动机的设计、燃料中硫含量的要求、节能、排放等变化而发展。顺序越往后，质量等级越高，见图1-2。目前美国石油学会API的柴油机油质量等级标准已经颁布到CK-4级别。我国柴油机油国家标准GB 11122—2006《柴油机油》参照采用ASTM D4485-04《发动机油性能规范标准》，目前最高质量等级标准要求只到API CI-4。目前我国市场上销售的柴油机油存在CD ~ CK-4不同质量等级的高、中、低档油的共存局面。

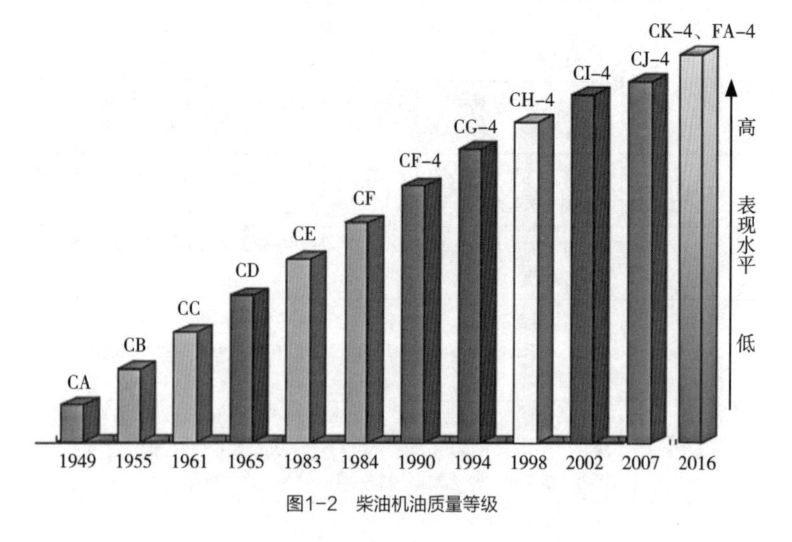

图1-2 柴油机油质量等级

4 柴油机油规格发展原因

柴油机油规格发展原因见表1-2。

表1-2　柴油机油规格发展原因

质量等级	规格发展原因
CA	加少量添加剂，全世界均已淘汰
CB	1949年发布，为适应高硫柴油而发展的高碱值柴油机油，已淘汰
CC	适用于强化系数30～50的自然吸气的低增压柴油机，已淘汰
CD	适用于强化系数50～80的涡轮增压柴油机，已淘汰
CE	1983年发布，根据CUMMINS发展大功率、重负荷柴油机要求而设立。但在重负荷柴油机使用中发现弹簧损坏、油环黏结、活塞销失灵等问题，而提出下一个规格，已淘汰
CF-4	1990年发布，适用于直喷、增压、中冷、低排放柴油车，已淘汰
CF	1994年发布，适用于对环保要求不严格的地区或汽车。施工机械使用固定式柴油机，已淘汰
CG-4	适用于使用低硫柴油的汽车和地区。要求使用低硫柴油，结合延迟喷射技术，降低NO_x的排放。几乎所有的发动机标准台架试验均被更新，已淘汰
CH-4	适用于使用高硫或低硫柴油、对排放有严格要求的汽车和地区。满足1998年排放法规，进一步降低20%的NO_x排放。
CI-4	2002年10月执行，为了在很短时间内满足突然变严了很多的排放法规，OEM不得不在其现有的发动机上采用废气再循环技术，这使润滑油的工作环境变得更苛刻
CI-4$^+$	2004年8月执行，为进一步提高CI-4烟炱分散性
CJ-4	为了满足欧Ⅳ排放法规对柴油机的要求，于2006年10月15日起进行认证。CJ-4规格首次提出了对柴油机油的硫、磷及硫酸灰分含量的限制指标，这样将限制含硫的API Ⅰ类基础油的使用，而API Ⅱ、Ⅲ类基础油的应用将更广泛。无论是对清净剂还是抗氧抗腐剂、抗磨剂、分散剂及黏度指数改进剂，CJ-4规格都提出了新的要求
CK-4 FA-4	2016年年底，API推出新的CK-4和FA-4柴油机油规格，以满足先进发动机技术的要求，帮助柴油发动机制造商满足更加严格的排放要求，并首次为API柴油机油规格增添了“F”节能系列柴油机油规格，API FA-4将XW-30黏度等级中更低的高温高剪切黏度（2.9～3.2 mPa·s）油作为具有节能效果的柴油机油

5 机油黏度与适用环境温度的关系

机油黏度与适用环境温度的关系见表1-3。

表1-3 机油黏度与适用环境温度的关系

黏度等级	运动黏度（100℃）/（mm^2/s）	环境温度/℃	黏度等级	运动黏度（100℃）/（mm^2/s）	环境温度/℃
0W	≥3.8	-40 ~ -10	60	21.9 ~ <26.1	+15 ~ +45
5W	≥3.8	-35 ~ -10	0W-20	6.9 ~ <9.3	-35 ~ +20
10W	≥4.1	-30 ~ +5	0W-30	9.3 ~ <12.5	-35 ~ +30
15W	≥5.6	-18 ~ +10	5W-30	9.3 ~ <12.5	-30 ~ +30
20W	≥5.6	-12 ~ +15	10W-30	9.3 ~ <12.5	-25 ~ +30
25W	≥9.3	-10 ~ +20	10W-40	12.5 ~ <16.3	-25 ~ +40
16	5.6 ~ <6.9	-15 ~ +25	15W-30	9.3 ~ <12.5	-20 ~ +30
20	6.9 ~ <9.3	-15 ~ +25	15W-40	12.5 ~ <16.3	-20 ~ +40
30	9.3 ~ <12.5	-10 ~ +30	20W-40	12.5 ~ <16.3	-15 ~ +40
40	12.5 ~ <16.3	0 ~ +40	20W-50	16.3 ~ <21.9	-15 ~ +50
50	16.3 ~ <21.9	+10 ~ +40	25W-50	16.3 ~ <21.9	-10 ~ +50

6 什么是单级油？什么是多级油？

单级油一般指单个季节用油，无低温黏度指标要求，市场上主要牌号多为SAE 30、SAE 40、SAE 50三种，目前主要用于固定式发动机。多级油系四季通用油，对低温性能有严格的指标要求，可在一定地区四季通用，不必因季节变化而更换，主要黏度级别为0W-20，0W-30，0W-40，5W-20，5W-30，5W-40，10W-40、15W-40、20W-50等。

7 汽油机油和柴油机油质量等级的选择依据是什么？

选择内燃机油主要从质量等级和黏度等级两方面考虑。首先确定黏度等级，然后按车辆使用说明书上规定的润滑油质量等级选油，“就高不就低”。可以选用高于主机厂要求的质量等级的油品，而不可选用低于要求的质量等级的油品。

汽油机油质量等级的选择依据，主要考虑发动机的压缩比，曲轴箱是否装有正压排气装置，是否为涡轮增压发动机，是进气道喷射还是直喷，后处理系统是否有废气催化转化器、颗粒捕集器等。

柴油机油质量等级的选择依据，主要依据柴油机的工况苛刻程度（一般用强化系数K、增压比、顶环槽温度表示）、排放等级，以及是否带废气再循环装置、选择性催化转化装置以及柴油颗粒过滤器等。

8 不同生产厂家的机油是否可以混合使用？

原则上是不能混合使用的。因为每家添加剂公司所采用的技术各不相同，各润滑油厂家配方组成也不一样，而且发动机油配方设计是一个性能均衡体系，因此不宜混用。例如柴油机油有采用磺酸盐技术配方，也有用水杨酸盐技术配方，二者混用会有沉淀物产生。更换机油前应严格清洗润滑系统。

如确实存在两种油品混用的需要，建议混用前做混兑试验，通常按照1：9、1：1和9：1的比例进行混合后，置于室温和100℃下静置24h后观察是否分层或沉淀，相容后方可使用，但使用中仍必须注意观察使用情况。

9 高档机油在常温下，为什么人们感觉稀？

机油黏度是指在规定温度下（如100℃）测定的数据，同样是100℃运动黏度为14.5mm^2/s的15W-40油，高档油在常温下人们会觉得稀，但低档油给人感觉较黏稠，这是因为高档机油用基础油精制程度高，黏度指数高，黏温性好，黏度随温度变化小，因此在相同温度下（如40℃）测出来的运动黏度就小，所以感觉稀，但在低温工况下如（-10℃）高档机油的流动性就好，有利于发动机的冷启动保护。

当然，部分厂家为迎合少数用户常温（手）感觉黏度的方法，在油品中加入劣质增黏剂、使用非标基础油，让人觉得拉丝性能好，这种油极易氧化变质，对设备润滑有百害而无一利。

10 为什么普通汽油机油不能替代四冲程摩托车油？

四冲程摩托车发动机与轿车用四冲程发动机主要差异见表1-4。

表1-4 四冲程摩托车发动机与轿车用四冲程发动机主要差异

项目	四冲程摩托车发动机	轿车用发动机
转速/（r/min）	7000～12000	3000～6000
排量	几十到几百毫升，多为单缸	1L到NL，多缸
冷却方式	多为空冷，也有水冷	水冷
离合器	与曲轴箱连通润滑	与曲轴箱分开
机油量	1L	3L以上

从表1-4中可知，四冲程摩托车发动机与一般四冲程汽油发动机有着明显差别，这种发动机性能上的差别直接反映到对油品的要求不同。摩托车转速高、热负荷大而油底壳小，还要直接润滑离合器和齿轮，对油品要求更苛刻，要求使用专用油。

11 燃气发动机润滑油有何特点？

压缩天然气（CNG）、液化石油气（LPG）作为清洁燃料应用逐年增多，燃气发动机润滑方式与汽油发动机和柴油发动机相似，但燃料的改变及发动机结构、工况、材料的变化，使CNG和LPG为燃料的汽车不宜使用普通汽油机油或柴油机油，这是如下原因所致：

①气体燃烧温度高，会增加NO_x的生成；

②气体燃料不含硫、水分，要求机油采用无灰型，灰分过高会引起发动机提前点火及火花塞堵塞；

③气体燃料对发动机冷却性能较差，增加发动机热负荷，要求机油耐高温和更好氧化安定性；

④压缩气体无润滑作用，易导致进气阀、排气阀座磨损，要求机油抗磨性更好。

12 柴油轿车用机油有何特殊要求?

柴油发动机比同功率汽油发动机节油30%，在欧洲发展很快，机油要求满足欧洲ACEA 2016 A3/B4汽油和轻负荷柴油轿车机油质量标准。当柴油轿车用户一时无法买到专用油时，可选用SN及以上高档汽油机油代用。

13 砝码试验机能作为润滑油质量判定的依据吗?

一些添加剂和润滑油销售商用砝码试验机进行现场演示，用某油品与加入少量抗磨剂的油品进行对比试验，或用两种不同品牌的机油进行对比试验；结果大多为优质机油只能加3块砝码，而加抗磨剂的油品或质量不好的油品可加15块砝码。此试验是不科学的，该试验不能作为油品性能的判定依据。尽管现场实验结果让我们感觉“眼见为实”，但伪科学的特定的办法迷惑了我们；况且润滑油（特别是发动机油）内在质量判断标准的建立绝不是基于常温下的线性润滑和磨损。而且，发动机油自SG、CF-4规格以后在磨损控制方面已经不需要大的改变和提高，重点要求提高的是烟炱的分散性、节能技术等。

14 轻型车国六排放标准对发动机及机油有什么要求?

轻型车国六排放标准自2021年1月1日起在全国范围内实行。为了应对国家颁布的越来越严苛的环保法规及节能要求，符合国六排放标准要求，汽车厂家采用发动机小型化、缸内直喷技术、增加涡轮增压、降低摩擦以及尾气后处理和燃烧技术等，来进一步提升车辆的燃油经济性以及满足排放等要求。对于乘用车而言，传统动力系统的趋势，从以往的大排量，逐步向小排量替换，2.0逐步发展成为1.6L、1.5L、1.3L，从自然吸气全面普及为涡轮增压。而这些变化都需要更高品质的润滑油来提供充足的硬件保护、防止车辆运行出现问题，必须至少满足欧洲汽车制造协会ACEA的C2/C3/C5质量等级，或者美国石油学会API的SP质量等级，同时还要通过使用更低的黏度等级来提高燃油经济性。

缸内直喷技术容易导致低速早燃现象，为有效减少低速早燃发生的频次，对油品中钙、镁含量提出了相关要求，主要是通过降低发动机油中钙基清净剂的含量来降低油品中钙、镁含量；涡轮增压技术的使用要求油品具有更好的高温抗氧化性和抗剪切稳定性；为满足国六排放标准，尾气后处理系统需要加装汽油颗粒捕集器（GPF），这就要求油品必须具有较低的硫酸盐灰分含量；为满足节能的要求，越来越低的发动机使用低黏度油品，如0W-20、0W-16等。总而言之，未来汽油机油的发展趋势是低黏度（燃油经济性）+ 低速早燃抑制性+GPF兼容性，油品的规格将主要以API SP/GF-6A 0W-20或ACEA C5 0W-20为主，甚至使用更低黏度的油品如GF-6B 0W-16等。

15 欧洲轿车发动机油规范有什么特点?

欧洲轿车OEM不仅有自己初装油规格，而且有自己的售后服务油规格。1996年，欧洲汽车制造协会ACEA成立之初希望如同美国的API规格一样，建立一个统一的欧洲服务油规格。虽然目前ACEA取得了一些进展，并且欧洲大多数OEM承认ACEA规格是他们服务油规格的基础，但欧洲各OEM仍然使用自己的服务油规格和自己的认证体系。其中欧洲有轿车油品规格的OEM包括奔驰、大众、雪铁龙标致、欧宝、宝马、依维柯、保时捷、雷诺、沃尔沃等。

ACEA轿车发动机油的特点主要体现在：

①将汽油机油和柴油机油试验项目合并，强调更高的清净分散剂水平；

②针对高温高负荷发动机工况（发动机小型化，涡轮增压直喷，热负荷高），强调更高的抗氧化性能；

③追求更长的换油里程，一般换油期均要求达到1.5万公里，长换油期要达到3万公里；

④要求机油挥发性更低，要求抗氧化性更好的III类基础油；

⑤各个OEM之间也有各自不同的特别要求，通常会导致额外的成本投入和增加复杂度。

ACEA于2016年12月1日颁布了ACEA 2016规格，并与2017年12月1日强制生效。用于轿车的发动机油规格包括：A3/B3、A3/B4、A5/B5、C1、C2、C3、C4、C5。其中，A3/B3具有优异剪切安定性，无节能要求，适用于长换油期油品，不适用直喷柴油机；A3 /B4适用于直喷柴油机，清净性比A3/B3苛刻；A5/B5适用于高性能汽油及柴油发动机小轿车，长换油期。C类具有与最新后处理系统兼容性。其中，节能型油品规格有C1低SAPS、低HTHS；C2中SAPS、低HTHS；C3中SAPS、高HTHS；C4低SAPS、高HTHS；C5低SAPS、低HTHS。

2020年12月，欧盟发布“可持续和智能交通战略”，计划进一步削减汽车尾气排放，以实现到2030年温室气体排放量至少减少55%和2050年实现碳中和的总体目标。

16 API和ACEA规格的差别及市场地位是什么？

欧洲的发动机倾向小型化，升功率高，热负荷高，换油周期长，且柴油轿车占有很大的比例，因而ACEA规格对于高温清净性、抗氧化性、分散性、旧油性能保持、耐久性等有更高要求，ACEA属于自行认证，OEM规格起主导作用；而美国API规格只针对汽油机，使用条件较缓和，相对欧洲规格，相关性能要求较缓和，侧重节能和环保，API认证体系，遵循最新规范。

在美国、日本以及韩国市场上所有的OEM均同意服务油使用API规格的油品，汽车用户手册上均注明使用API的质量级别，在美国市场的欧洲OEM包括奔驰、宝马、大众等在其用户手册上也注明在其服务油规格油品无法获得情况下，可暂时选用相应API的质量级别。2011年美国通用汽车公司（GM）推出了自己的装车/服务油dexos®规格，同时建立了自己的认证体系。

但在欧洲，大多数OEM均有自己的装车/服务油规格和认证体系，且建立时间远早于ACEA，ACEA的发动机实验都是在OEM规格的基础上建立的。ACEA承认此规格只是一个市场服务油的基本要求。要用于欧洲OEM的车上还必须通过OEM的装车/服务油规格和认证。在ACEA的规范中，只要取得了OEM规格的认证，其中有ACEA的实验就可认为ACEA的此试验已经通过。因此欧洲OEM规格要高于相应ACEA规格。

二

摩托车油基础知识

1 二冲程汽油机油用于何处？使用特点是什么？

二冲程汽油机油主要应用于陆地机动自行车、摩托车、凿岩机、割草机、小发动机的发电机、链锯、雪车、舷外机及小型农林动力机械。

二冲程机油是与燃料混合后进入发动机的，并且随燃料烧掉，不像四冲程汽油机油那样（如车用汽油机油）在润滑系统内循环使用。与四冲程汽油机油相比，一些主要性能要求高得多，如高温清净性；另一些性能可以要求低一些；还有些特殊要求，如相容性等。

2 摩托车等二冲程发动机能否使用四冲程车用汽油机油？

不能。因为二种发动机的润滑特点不同，两种机油的配方存在很大差异，若以车用（四冲程）汽油机油（如SE、SF等）代替二冲程汽机油，则易造成火花塞污染，易造成点火短路、排气孔堵塞、环黏结等故障，会影响正常运转及使用寿命，因此二冲程发动机必须使用二冲程专用机油。

3 二冲程汽油机油在使用中应主要注意什么？

由于二冲程汽油机油是与燃料混合使用，故应十分注意两者的混合比，即燃料油与润滑油的比例。若比例过大，则润滑不良；比例过小，则可造成燃烧室和排气口积炭增多，火花塞污染，排烟量增大，燃料辛烷值降低等不良后果。

燃油比一般采用（20～30）：1，高质量的二冲程机油可达50：1或100：1，提高燃油比可减少燃烧室沉积物，改善排放，同时也可减少润滑油消耗。

4 如何选择二冲程汽机机油？

质量等级一般依据二冲程机的升功率（或称强化程序）的大小来选择：

升功率小于50kW/L，排量小于50mL，可选用FA级油；

升功率为50kW/L，排量50～100mL，可选用FB级油；

升功率大于73kW/L，排量250mL左右，则应选用FC级油；

水冷式舷外机按使用条件分别可选用TC-W、TC-WⅡ、TC-WⅢ。

黏度级别：二冲程汽油机油有2个黏度级别，即SAE 20和SAE 30，一般情况下选用SAE 30，如果是分离润滑、寒区使用或超轻负荷二冲程发动机则使用SAE 20。

5 摩托车发动机油级别划分

发动机油有润滑、密封、散热、清洗四大功能。正确选用发动机油是车辆保养的关键，好的机油可以提高机器性能，节能降耗，延长寿命。摩托车发动机有二冲程发动机和四冲程发动机之分，两者结构和工作状态不同，对机油要求也不同，应区别使用，不可互换或混用。有些小包装摩托车专用机油上标2T和4T，即表示二冲程机油或四冲程机油。

四冲程摩托车发动机同汽车发动机结构基本相同，但摩托车发动机工作条件较差，因而用油级别应较高，同时有特殊性能要求。机油的级别是按照美国石油学会（API）的标准划分的，用英文字母代表：S表示汽油机油，A、B、C、D……代表油的级别，越往后级别越高。摩托车至少应用SG级，高档车推荐用SN级。选油的另一个参数是油的黏度，中原地区夏季一般用15W-40机油，冬季一般用10W-30机油。

至于二冲程机油的质量分类，目前国际上没有完全统一，实际上一般采用日本汽车标准组织（JASO）的FA、FB、FC分类，我国等效采用日本分类标准，一般建议使用FC级油。FC是半合成型机油，具有排烟少、清净性好的特点，是一种环保型低烟机油。

6 四冲程摩托车油的技术规格及发展简介

JASO T 903四冲程摩托车油规格的发展经历了以下阶段：

1997年12月16日，JASO起草了四冲程摩托车油试验方法和规格。JASO采用SAE 2号摩擦试验机来确定四冲程摩托车油的摩擦性能。

1998年3月28日，JASO正式完成了摩擦试验方法，并定为JASO T 904—98。同日，JASO正式批准了四冲程摩托车油规格，即JASO T 903—98。

2004年、2016年和2011年分别修订了JASO T 903—1999四冲程摩托车油规格。

2016年，JASO颁布了JASO T 903：2016四冲程摩托车油规格。

JASO四冲程摩托车油规格包括API/ILASC/ACEA规格下的发动机油性能、理化性能及摩擦特性等内容。

JASO四冲程摩托车油分为MA和MB两大类，其中MA适用于高摩擦系数要求的情况，MB适用于低摩擦系数要求的情况。

7 四冲程摩托车油的作用

四冲程发动机一般采用循环的发动机油系统。发动机驱动机油泵使机油经过过滤器后进入到发动机工作区域进行润滑。

（1）发动机油的作用

发动机油在进入机油泵之前先通过过滤器将其中所含有的金属屑、塑料屑等颗粒物滤出，然后进入机油泵。发动机油为发动机曲轴箱的各部件和主轴承提供润滑，具有较高的油压。此时发动机油中的抗磨添加剂可形成一层保护层，为各工作部件及一体化的齿轮箱提供保护。

发动机油还具有一个极为重要的作用——将发动机高温部位（如活塞和汽缸壁）产生的热量传递出去，以防止发动机油过热。发动机油必须被冷却以保证其能够持续使用。

（2）高质量发动机油的优势

尽管发动机零件都经过了精密的机械加工以降低其磨损程度，但为了进一步降低摩擦和减少摩擦产生的热量，发动机油必不可少，但是低质量发动机油并不能为你的爱车提供适当的保护。

（3）热量

由于多数摩托车的四冲程发动机转速很高，防止发动机油过热和形成泡沫对于其所使用的油品是非常重要的。发动机油在高温条件下易发生氧化并生成碳化物和漆膜，这将降低发动机的动力性能并增加油品消耗，因此，四冲程发动机油必须具有优良的热稳定性。

（4）磨损

在高压、高温或高负荷等恶劣的工况条件下，低质量发动机油会发生裂化和分解，使发动机黏着，加剧磨损程度并可能导致故障的发生。

（5）清洁作用

低质量发动机油缺少必要的清净剂和分散剂，会导致活塞环黏环，引起发动机动力下降和活塞黏着等故障。随着沉积物的不断增加，发动机的“呼吸”受限，其性能发挥的好坏可想而知。又由于摩托车采用湿式离合器，低质量发动机油还可能导致离合器打滑或黏着，对齿轮变速也有负面影响。

8 摩托车润滑系的常见故障及处理

摩托车强制压力润滑系的常见故障主要有以下几种：机油泵磨损、机油压力过高、机油压力过低或无压力、机油温度过高等。

机油泵齿轮易磨损，除装配调整不当外，主要是因为机油滤清器破损失效，使机油中的金属微粒进入机油泵而加剧磨损，此时须更换机油滤清器。

机油压力过高，其原因主要是机油黏度过大、机油油道堵塞等。如果压力仅在冷车启动后的初期偏高（尤其在冬天），而机油温度升高后其压力便逐渐降至正常，这属于正常现象。若压力始终很高，则可能是油道堵塞，此时应立即停车检查，予以排除。

机油压力过低主要是由于机油泵严重磨损所致，这时应更换新油泵。另外，油底壳内的机油量太少，使油泵露出油面或油道有泄漏处，也会使机油压力过低，甚至无压力。这时，应及时添加机油或排除泄漏故障。

机油温度过高，除发动机长时间大负荷运转或活塞环漏气等因素外，油底壳中的机油量过少也是原因之一。

四冲程摩托车与汽车的发动机结构不同，润滑系统也有差别。如果用汽油机油代替四冲程摩托车油，易出现离合器打滑、抗氧化性变差、抗磨损性变差引起噪声、抗剪切安定性变差等问题。

9 常见的摩托车烧机油的现象及原因

常见的摩托车烧机油现象有3种:

①摩托车启动时，排气管冒蓝烟；发动机工作一段时间后，排气管排烟恢复正常。这种情况说明机油是在车辆熄火后进入燃烧室的，最大的可能是气门导管承孔密封不严，造成机油泄漏，进而渗入燃烧室所致。

②排气管在正常工作时冒蓝烟，而发动机缸头盖通气孔中并无蓝烟。这种情况说明活塞与缸壁密封良好，可能是气门杆磨损过度或气门杆油封失效，使气门室内的机油被吸入燃烧室所致；也可以是曲轴箱通风单向阀密封不好或装反，使机油随可燃混合气经进气管进入燃烧室造成的。

③排气管冒蓝烟，同时可看到从加油口冒出脉动蓝烟。说明机油燃烧后的废气进入曲轴箱，并从加油口脉动冒出，可初步判定活塞连杆组密封效果不好。如：活塞与缸壁间隙过大，活塞环弹力小、抱死或对口，活塞环磨损使端隙、边隙过大等，使活塞环产生泵油现象。

10 摩托车发动机烧机油的消耗途径

摩托车发动机油的消耗量是发动机技术状况的重要参数之一。发动机正常的机油消耗主要是通过3方面发生的:

①进排气门杆与气门导管之间存在间隙，微量的机油必须透过气门油封，以避免气门在气门导管中卡死;

②活塞与汽缸壁之间存在间隙，活塞环在上行过程中将汽缸壁上残存的润滑油膜带入燃烧室;

③雾状机油微粒通过曲轴箱强制通过管路进入燃烧室。

这3方面消耗的机油最终通过各种渠道进入汽缸，经燃烧后排入大气。国家标准规定，机油与燃油的消耗比应小于1%。

11 摩托车发动机怠速温度偏高是怎么回事?

发动机在正常工作温度时，曲轴箱内机油温度为45～90℃。因此，使用高档摩托车油，在怠速时温度偏高也是相对而言的，属正常温度范围内。

在摩托车上出现机油温度偏高则与该车型的机械构造有关。由于具有高速机的特点，发动机在高速行驶时效果好，低速时用油少，因此该摩托车要尽量减少在怠速时行驶。如果发动机温度偏高，建议使用SJ 20W-50、SH 20W-50或单级四冲程摩托车油。

为了保持摩托车发动机温度正常，可采用下列措施：

①行驶前对发动机加温，在发动机达到正常温度时才允许起步行驶，此时发动机的正常温度是85～90℃。由于大多数摩托车没有显示发动机温度情况的仪表，所以，通常以发动机冷启动后，能在阻风门全开或启动加浓柱塞阀全关的情况下以怠速稳定运转作为温度正常的标志。自动启动加浓柱塞阀，在发动机怠速工作5min左右时，起步行驶。

②对发动机加温的方法是，发动机启动后，使其空载运转。不能为了省油，发动机一经启动立刻起步行驶（尤其是气温较低时）或是不断轰油门。其实，这样不但不能省油，反而费油。由于温度低，起步时发动机工作不连续甚至熄火，燃料不能完全燃烧。更重要的是，此时发动机润滑系统的润滑油尚未被输送到各摩擦部件的表面，易引起磨损。

③在行驶中不要使发动机过热。发动机过热会使功率降低，油耗增加，发动机产生自燃、爆震、杂音，严重时使活塞咬缸，造成活塞、连杆、汽缸的损坏。

12 摩托车的机油温度过高，是不是机油的问题？如何避免发动机过热？

摩托车发动机的工作循环是在高温下进行的，可燃混合气燃烧时的最高温度可达200℃，高温燃气激发运动件摩擦产生的摩擦热会使活塞、缸体和缸盖等部件温度上升，高温容易造成热变形，使发动机部件机械强度降低，使正常的配合间隙因热膨胀过大而改变。

发动机过热的危害性比较大，如：摩托车动力性下降，油耗增加；发动机混合气不正常燃烧，润滑油变质焦化；运动件之间的油膜被破坏，机件磨损加剧；曲轴连杆大小头轴承咬死，出现活塞环断裂、拉缸和抱缸等故障，缩短发动机的寿命。

四冲程发动机的润滑油在发动机运转过程中还承担着散热作用。通过机油泵循环将其自身吸收的热量以及零部件吸收的热量通过润滑油的循环过程将热量散发出去，使发动机各部件受热均匀。当摩托车曲轴箱机油换油期过长，出现油泥堵塞油道、机油泵损坏、供油量不足，润滑性变差以及润滑油变质或缺少润滑油时，机油传热散热功能减退，会造成发动机润滑状态恶化，摩擦副之间油膜破裂，加剧磨损，造成发动机过热。

为了防止摩托车发动机过热，应注意：保持发动机散热片清洁，冷却系统良好；润滑油适量；按规定乘员、载物；不要在油门全开的情况下行驶；适时换挡；切忌发动机超载和车辆失速；不要使离合器在半结合状态下工作，以免离合器打滑。对过热的发动机，要立即采取降温措施。降温的方法是将发动机熄火，停车休息，使发动机冷却。在行驶中应尽量少用制动，不要轰油门，避免发动机转速过高。

13 摩托车油润滑不良是造成摩托车起步发冲的主要原因吗？

有人认为摩托车起步发冲的现象是由润滑不良造成的。有人将摩托车油放出来，改用其他润滑油，则无此现象，更确信是油的问题。其实出现这种现象可分两种情况：

①机械故障的原因，如离合器拉线有断拖现象，或者链条、链轮严重磨损。此时更换润滑油或许情况暂有改善，但故障还在，还会不断复发，须停车修理。

②选油不当，造成离合器打滑。离合器的润滑要求摩托车油保持一定的摩擦系数，过大或过小都会造成离合器打滑或磨损。

14 更换摩托车油后，发动机有金属敲击声或出现车速减慢现象的原因是什么？

假如更换摩托车油后，摩托车在行驶时出现金属敲击声或者车速减慢，其主要原因是发动机胀缸或传动系统零件损伤。可有两种处理方式：

①在发动机熄火后转动发动机，若此时发动机无法转动，可能是发动

机过热或缺少润滑油，使活塞和汽缸间的间隙消失而胀缸。若冷却10min后发动机即可转动，可卸下火花塞，注入少量的摩托车油，关闭油门，转动发动机，使活塞往复运动，待转动自如后，可装回火花塞，重新启动发动机。

②如果把紧离合器把，传动系统不能转动，说明有故障。应检查齿轮是否损坏卡死，链条是否脱落或断链而卡在链壳和链轮之内。

15 摩托车在行驶中换挡困难是否与机油有关?

摩托车在行驶过程中出现换挡困难的原因有很多，如：发动机怠速过高；换挡时操作不协调；操纵拉索过长，变速弹簧回位螺钉松动，变速杆失灵；曲拐调节螺钉调整不当，使扇形板定位不准；变速凸轮轨道槽磨损，使齿轮的移动受到卡滞等。但选用的摩托车油黏度过大也是造成换挡困难的原因之一。

16 导致摩托车拉缸的原因何在?

一般发生拉缸事故都是考虑到机械部件因素及润滑油因素，很少有人会考虑到散热片泥土是杀手之一。摩托车是风冷的，散热片的作用是散发动机工作时的热量。润滑油循环也参与部分散热作用。如果散热片上沾满了泥土，会影响发动机散热，使发动机温度升高，燃油消耗上升而动力下降。摩托车机油储油量少，易受散热不良的影响，使机油温度迅速上升而加速变质。大量的油泥和积炭随机油流到发动机部件，摩托车汽缸便会深受其害。使用劣质机油也是汽缸损坏的原因之一。

三

内燃机油故障原因分析

1 油品质量简易判别方法

（1）手感

很多人喜欢用手感觉油品的黏度，错误地认为油品拉丝性能好，即油品的黏度高、油品性能好。其实很多劣质油品加入大量劣质增黏剂，让人感觉拉丝性能好，这种油对机器有百害而无一利。

优质的油品清澈透明，同黏度等级的油品，常温下手感黏度小；而劣质的油品，手感较黏稠。

（2）嗅觉

合格的发动机油无异味，如新机油中有焦煳味等刺激性气味，则可能是废油再次调和而成，也有可能是添加剂在高温下分解，特别是抗氧抗腐剂二烷基二硫代磷酸锌（ZDDP）在超过120℃后会分解生成硫化物，产生异味。

优质的车辆齿轮油有明显的臭味；挡风玻璃清洁剂有酒精味，但无刺激性化学试剂气味；防冻液、润滑脂无刺激性异味；合成制动液有醇醚气味，无刺激性异味。

（3）目测

所有合格的油品，用透明的玻璃容器盛放，如玻璃杯、玻璃试管等，迎光用肉眼观察，都应该是清亮的液体，不应出现混浊等现象。

（4）摇晃

剧烈摇晃液体油品，可出现少量泡沫，但应该较快消失，若长时间不消失，则应检测其泡沫性能。

（5）颜色

正常发动机油、车辆齿轮油均应为琥珀黄至暗褐色透明液体；

一般的自动传动液、液力传动油为红色；

合成制动液一般为水白色或为琥珀黄色，若为红色则为染色所致；

防冻液中必须加入染料，以便与其他液体区分，故颜色有红、黄、绿、蓝等；

润滑脂的颜色由于添加剂和染料不同，颜色会有褐色、黑色、蓝色、红色等。

（6）皮肤感觉

优质的合成制动液有明显的烧手、烫手、发热的感觉。而劣质的制动液涂少许于手背皮肤明显发凉，有将手放入冷水或涂上酒精的感觉。

（7）口感

特别提示：任何油品均不可入口。优质防冻液产品为甜味，而劣质产品为苦、涩、咸味。

（8）加热

①油品使用后，若变稀严重，加热后如有明显的汽油或柴油味，则为燃油稀释导致油品变稀。

②机油呈乳浊（泥浆）状，则可能是油品遇水乳化，若无试验条件，可取少许置于香烟锡箔上，用打火机加热，如有“噼啪”的炸响声，则为油中有水。

③新机油置于敞口容器中，加热至180～200℃，1h，若颜色变深，则该油品质量较差。

④为简单判别优、劣质防冻液，可将铝线、铜线、铁钉等放入防冻液中浸泡，加热至80～90℃，3天后再取出观察金属外观。

（9）燃烧

①怀疑有燃油稀释的油品，可用报纸捻就，醮少许燃烧，如汽油、柴油般燃烧迅速并出现旺盛的火焰，即可能混入汽柴油。

②用螺丝刀挑一点润滑脂，用打火机或酒精灯加热，观察油滴落情况，大致判定其抗高温性能。

（10）斑点试验

将滤纸悬空平放，滴一滴油于中心处，平放3h后观察。

①沉积环：未到换油期时是棕褐色，油泥沉积物少，直径较大。该换油时是棕黑色油膏状，色深，直径小。

②扩散环：未到换油期，直径大，呈浅色。该换油时为棕褐色，色深，直径小，与沉积环距离小。

③油环：未到换油期时，直径大，与扩散环距离小。该换油时，直径

大，与扩散环距离大。

（11）冷冻

取少许油样置于冰箱中冷冻，15W-40油品降至-18℃，10W-30油品降至-24℃等，可粗略判断油品低温性能。

（12）油品表面观察

有些油品色泽较好，但表面有一层蓝色或绿色荧光，这大多是采用轻脱油等劣质成分调配而成。

特别说明：以上方法均为简单判断方法，有不科学之处，有片面之处，产品质量判定以国家认可的试验室数据为准。

2 发动机油为什么会变黑？

（1）机油的氧化

氧化是由温度、时间、基础油与抗氧添加剂的性能所决定的。因此氧化需要一定的时间，一般来说机油的颜色不会很快由于氧化而变深，更不会很快变黑。

（2）车辆的行驶状况

汽油机在满负荷行驶时是在较高温度下工作，其冷却系统是为满负荷连续运行设计的。如果车辆因某种原因开开停停，这样的发动机处于“过冷”情况运行，即在低于设计温度下工作。这时汽油特别容易形成部分氧化物，窜入曲轴箱，缩合成不溶于油的液滴，当它回到活塞环区时牢牢地黏附在金属表面，受热转化成半固体或固体漆状沉积物。另外润滑油也会硝化形成沉积物，这一过程由窜气的NO_x加速形成。所有这些沉积物如能及时被含有清净分散添加剂的润滑油冲洗下来，并能过滤掉，则对发动机的保养是非常有用的。

柴油机在使用过程中，机油变黑速度很快，这是由于柴油燃烧产生的大量烟炱窜入曲轴箱、溶解于机油中形成。一般来说，越高档的柴油机油在同一发动机上使用后，变黑速度越快，颜色越黑。

有些客户以前使用劣质的机油，现改用优质机油后，机油会很快变黑，这是由于原来发动机内部很脏，优质机油的高效清净分散剂作用的结果。

一般来说，机油在使用过程中变黑是正常的，至于机油变色的速度取决于车辆的状况、行驶条件以及发动机的设计情况、燃油质量、机油质量等。

3 为什么机油会“丢失”？

当发动机换新机油后，经过一段时间的运转，往往会出现机油“丢失”现象，这是因为机油在刚加入时不能充分注满发动机的每一个空隙，经过运转，机油充满各部分空隙，并黏壁，给人一种“丢油”现象。这样“丢失”的油一般最多不超过加量的六分之一。

4 使用好机油后，机油消耗为什么反而加大？

有些客户以前使用相对便宜的机油，现改用优质机油后，可能会抱怨跟以往相比，现在机油消耗变大了。

一种原因可能是以前使用的油品质量不高，并在发动机内形成烟灰和积炭，换油间隔也可能超过了所建议的时间，烟灰和积炭有可能在发动机内聚积并阻塞住活塞环，降低了活塞环的弹性。优质机油有溶解（清洁）效果，去除了聚积的烟灰、积炭、漆膜，导致润滑油可能在发动机内燃烧或由排气口排出，如排气管冒蓝烟，则是润滑油进入燃烧室参与燃烧所致。若发动机状态较好，增加的机油耗量通常在两次换油后下降，聚积的一些烟灰和积炭也将被清除，活塞环将恢复弹性。

另一种原因可能是发动机各密封件和油封损坏，造成润滑油的渗漏。一旦渗漏发生，在发动机外部就可以观察到。

5 车龄较老，一定要用高黏度的油吗？

这种说法并不完全正确。一般采用这种做法，主要是为了解决发动机“烧机油”的问题。

假如您的车有“吃机油”的现象产生的话，建议您首先要检查发动机的油封或衬垫是否有损坏情形，若一切皆正常，则可能是发动机的汽缸壁磨损，造成间隙增大而导致机油进入燃烧室被烧掉了。所以我们不能以车龄，而应以发动机实际状况，来作为选择油品等级的依据。发动机磨损间隙不断增大，主要是因为平时负荷过重、保养不好、使用劣质机油、发动机自身状况等所引起。

一方面，提高机油黏度，能缓解发动机因为磨损间隙增大而造成的“烧机油”的问题；另一方面，使用黏度较大的机油，能使机油流动性变差，不利于发动机散热、清洗，也不利于节能。

6 机油消耗过多的原因

发动机密封件和油封损坏，将造成润滑油的渗漏。一旦渗漏发生，在发动机外部就可以观察到。排气管冒蓝烟，则是润滑油进入燃烧室被烧掉所致。润滑油可以通过以下途径进入燃烧室：

①导管与气门杆之间发生磨损，间隙过大，在进气行程时，气门罩中的润滑油滴就会沿间隙进入燃烧室，如发生这一故障或扩大了气门导管孔径，应选配大一号气门气杆的进气门。

②气门挡油圈失效，不能有效阻止机油通过气门进入燃烧室。

③活塞环与汽缸壁磨损过大，油环刮油作用减弱，使机油进入燃烧室。

④曲轴箱通风阀发生黏结而不能移动，失去控制通风量的作用，曲轴箱中过多的润滑油蒸气便通过曲轴箱通风管进入进气管。

例如，某发动机多处机油渗漏；一辆汽车行驶10万公里，发现排气管冒蓝烟，虽经多此更换轴密封也无济于事。经解体检查废气循环系统发现，气门摇臂罩盖内壁的进气孔和两个排气孔完全堵塞，怠速单向阀胶结卡死。因此引发曲轴箱内废气压力过高，使机油从各接合部位向外渗漏，造成机油消耗。后经疏通清洗废气循环系统并重新装配，故障根本消除。

目前市场上的主流车型，无论采用哪种型号的发动机，都有完善的废气循环系统。在使用和维修时务必注意定期检查和清洗，否则，一旦堵塞，就会引起费机油、窜气等故障。

发生机油消耗量过大的情况，应从发动机部件检修入手，盲目更换机油作用不大。

7 活塞环异常磨损的原因？

活塞环异常磨损的原因如下：

①缺油。

②润滑油质量不好，环槽积炭严重，造成活塞环卡死甚至折断。

③活塞环材质差、装配不当等。

④润滑油黏度过低。

8 汽车“烧瓦抱轴”与哪些因素有关？

“烧瓦抱瓦”是发动机最忌讳的一种严重故障，一般是指发动机曲轴与支撑其转动的滑动轴承大瓦、小瓦之间由于不正常工作出现严重干摩擦，形成表面高温，轴颈与瓦相互烧结咬死，致使发动机无法转动。

汽车造成“烧瓦抱轴”的原因95%以上都是机械故障，通常是由于：

①曲轴与瓦的质量不好，轴颈与瓦面的光洁度差，尤其是大修更换过轴瓦的车辆，大修中磨轴刮瓦的工作不够精细，装配后轴与瓦的配合不好，接触面过小难以形成油膜，加上瓦背面存在间隙，合金与瓦不能完全紧密贴合而松动走外圆，遮堵油孔致使供油中断形成干摩擦。

②大、小瓦安装不正确，间隙调整不当，接触面积过大或过小，都会使轴与瓦的接触面上难以形成机油油膜。有时轴瓦的紧固螺栓扭力过小，时间长了致使轴瓦松动，也会造成间隙变化影响润滑。

③机油泵严重磨损失效，供油压力减小，机油难以供应到指定润滑位置，造成轴瓦干摩擦。

④机油油道被杂质堵塞，使通往曲轴的机油受到阻隔，形成轴瓦干摩擦。

⑤机油管路泄漏，机油循环供应系统压力下降，机油难以供应到指定润滑位置，形成轴瓦干摩擦。

⑥冷车启动时猛轰油门，机油在低温较黏稠状态时尚未泵送到轴瓦，而轴瓦表面已形成瞬时高温，造成金属相互烧熔。

⑦发动机严重超负荷运转，出现长时间低速高扭矩工况，因发动机转速低时机油泵转速也低，供油量不足，但轴与瓦之间却形成高温，造成抱死。

⑧长期不换滤清器，造成异物进入油道，这些颗粒进入轴瓦间造成抱瓦，因为轴与轴瓦间隙很小。

⑨使用劣质滤清器或轴承材质不良，应购买正宗的汽车配件。

上述机械性问题是造成“烧瓦抱轴”的主要原因，只有以下情况可能因机油因素造成严重轴瓦故障：

①由于冷却水渗入机油中，造成机油乳化、变质，黏度完全丧失，在轴与瓦表面不能形成油膜，造成较严重的干摩擦。

②冬季发动机温度过低，燃油雾化不好，燃烧不完全使燃油顺缸壁流入油底壳稀释了润滑油，也会造成“烧瓦抱轴”。

③严寒季节使用黏度过大、低温流动性差的机油，或机油已氧化聚合，黏度太大，夏季高温季节使用黏度过低，无法形成有效油膜，或缺油严重，都可能造成机油在油道中流速过慢，不能按时泵送至轴瓦，致使轴瓦之间干摩擦。

④使用劣质机油，将其他润滑油误当机油使用，也会导致“烧瓦抱轴”。

9 什么是拉缸？影响的因素与润滑油有关吗？

拉缸是指汽缸壁上沿活塞移动方向出现深浅不同的沟纹。影响因素主要有：

①活塞环与汽缸内表面滑动接触面过小，产生高温，发生环与缸壁间的熔着，冷却后产生的碳化物，非常锐利地把汽缸划成沟槽。

②大修时装配不当会引起拉缸。解体大修对发动机是一件很重大的事，修理过程中任何装配和间隙不当都会引起发动机故障。所以大修必须有必

要的设备，维修工必须技术精良。

③空气滤清器过滤效果不好，外来的尘土和杂质导致拉缸。

④活塞环材质低劣，易断环，也容易造成拉缸。

⑤机油清净分散剂差导致活塞环黏环、卡死甚至折断，造成拉缸。

⑥润滑油黏度太大，低温启动时润滑不良，发动机过热也是造成拉缸的因素。

⑦超载负荷过大，冷却液循环不充足，发动机过热造成拉缸。

一般情况下，如果润滑油质量不好，烧瓦抱轴的可能性比拉缸早发生，因为轴承润滑条件更加苛刻，需压力润滑；而缸套的材质较好，一般不太会拉伤。

10 油底壳油面自行升高的原因是什么？

不加润滑油，油底壳油面自行升高，其主要原因有：

①汽缸套下部的橡胶密封圈损坏，汽缸垫损坏、汽缸套破裂或有汽孔等，导致冷却水进入曲轴箱。燃油或混合气及燃烧的废气大量窜入曲轴箱，在曲轴箱凝结成液体后和机油混在一起。

②采用强制润滑的喷油泵或输油泵漏油等。其中最常见的是柴油机喷嘴雾化不好，燃烧不完全的燃油顺缸壁流入油底壳。

11 机油为什么会变质？

机油变质的原因有：

①机件摩擦所产生的金属屑的催化作用。

②从空气中侵入的灰尘污染。

③燃烧时生成的烟炱污染。

④机油受热生成的胶质、氧化产物等。

⑤燃烧生成的酸性物质。

⑥水分、燃油沿缸壁渗入机油盘、冲稀机油，使机油变成乳白色。

12 发动机油泥积炭生成与机油质量等级有何关系?

在发动机中使用内燃机油时，由于高温、空气的存在以及金属的催化作用，发生氧化是不可避免的，结果会生成漆膜和积炭。

漆膜和积炭如果在活塞上沉积，严重时就会把活塞环黏死，环不能很好地起密封作用，会导致窜油等现象。漆膜和积炭如果沉积于摩擦副表面，使摩擦损失增大，降低了发动机有效功率。

漆膜和积炭的生成除了与发动机的工作条件和使用的燃料性质有关外，与机油的质量等级关系极大。机油等级越高，清净分散剂加量越高，性能越好，这就是使用高质量等级机油的主要原因。

13 不同厂家生产的同一种类、同一牌号的油品，使用性能不同，原因是什么?

①基础油来源及精制程度不同，以未精制的蜡油甚至废油稍加处理做基础油，显然达不到精制要求，这种基础油即使使用进口添加剂也不能调制高质量油品。

②添加剂复配技术不同，添加剂对润滑油的性能影响极大。

③调和工艺不同，像煎制中草药一样，同一个药方，煎制时间、火候、入药顺序不同，药效不同。调油工艺的差别也会导致油品性能的差异。

④质量检验技术的差别。质量检验是现代技术管理的重要环节。

14 内燃机油与液压油有何主要差别?二者是否可以相互代用?

内燃机油是根据发动机工况要求生产的，专门用于汽油机和柴油机的润滑油，要求有较高的清净分散性等多种使用性能，油中包含有清净分散剂等多种功能添加剂。液压油主要用于各类液压系统中，黏度等级是以液压系统使用工况要求确定的，所用添加剂有抗氧、防锈、抗磨等功能，与内燃机油截然不同。因此，内燃机油、液压油不能互换代用。

15 为什么油门踩到底仍感到动力不足，柴油机运转有“发闷”的现象？

出现这种情况，首先要检查进气系统，当空气滤清器堵塞时，柴油机供气不足，汽缸内喷油燃烧不完全，会造成功率下降。这时，即使把油门踩到底，仍感发动机没有劲，运转有发“闷”现象。此外，进气管所用橡胶软管如果刚性不足，会被吸瘪，也产生上述现象，应及时更换。

16 柴油机为什么会出现“游车”？

柴油机“游车”也是常见的故障之一，出现“游车”时，汽车难以行驶。出现“游车”的原因多数为供油系统的故障所引起的。这时，对喷油泵、调速器要做仔细检查，确认是否由于调速器的故障、喷油泵的各缸喷油不均等引起。

此外，油门操纵机构不灵活也会引起“游车”，出现“游车”较多。

17 柴油与机油的清洁度对柴油机的使用寿命有哪些影响？

柴油会被水与各种有机物及无机物所污染，其中无机杂质特别值得注意。按车用柴油机的技术条件，是不允许柴油中含有机械杂质的，但在运输、储存和使用过程中，柴油可能会受到污染、混入杂质。因此，许多柴油车用户，为了降低柴油中无机杂质的含量普遍采取将柴油沉淀24 ~ 74h的办法，这对延长柴油机使用寿命有一定的好处。

不清洁的机油会影响机油的流动性，堵塞油路，影响润滑、散热、清洗三大作用，所以当机油中杂质过多时，应及时更换。

18 为什么有些机油在使用一定时间后，机油黏度大幅度降低？

构成机油的基础油、增黏剂质量较低，在重负荷、低扭矩条件下，增黏高分子聚合物在高剪切应力作用下，长分子链被打断，导致机油黏度下降，使抗磨性能差，从而使发动机不能正常得到润滑，加剧发动机磨损、增大发动机噪声，润滑效果差、发动机工作温度高、水箱易开锅，同时机油失效。

19 气门异响的原因及排除方法

柴油机冷车怠速时，在汽缸盖部位发出“嗒嗒”的金属敲击声音，声音随转速增大，柴油机温度升高后声响减弱。

产生故障的原因是气门间隙调整螺钉松动或调整不当、气门间隙过大、气门导管与气门杆间隙过小或积炭严重等。

建议检查方法：在汽缸盖罩气门一侧观察，在各种转速下均有声响，留意声音来源，找出故障缸；柴油机温度升高后声响是否减弱；拆下汽缸盖罩测量气门间隙，看是否过大。

排除方法：调整气门间隙使之符合要求；清除气门导管、气门杆、气门道、通气道的积炭，使气门杆与导管孔间隙符合要求。

20 气门座圈异响的原因及排除方法

座圈声响比气门大，而且没有规律，忽大忽小的“嗒嗒”声，中速时声响清晰，柴油机出现声响时故障缸会燃烧不良或不工作，排气管冒黑烟或白烟。

产生故障的原因是气门座圈与孔配合过宽，产生松动；气门座圈材料选择不当，受热变形。

建议检查方法：在汽缸盖罩气门一侧观察，声响在气门头部的一般为气门座响；声音时有时无，忽大忽小，拆下汽缸盖罩测量气门间隙如果气门间隙正常而声音还在，就是气门座松动的噪声；气门座圈移位断裂。

排除方法是选择符合规格要求的气门座圈；装配时过盈量符合要求等。

21 气门弹簧响的原因及排除方法

发动机低速转动时，在汽缸盖罩可听到明显的“嚓嚓”声，加速性能下降，高速运转时排烟颜色差。

产生故障的原因是气门弹簧折断、气门弹簧太软等。

建议检查方法：拆下汽缸盖罩，检查弹簧有否折断；用起子把弹簧从下往上推，如果声响消失就代表弹簧过软。

排除方法：更换新弹簧、在弹簧下加垫片。

22 冒白烟的原因及排除方法

①故障原因一：柴油中有大量水分进入燃烧室；汽缸、缸盖或水套有裂缝与泄漏；缸盖螺栓松紧度不均匀。

建议检查方法：用手接近消声器出口，手上有水珠。

排除方法：清洗油路、过滤柴油、去掉柴油中水分；如汽缸、缸盖有裂缝，需更换新零件；重新拧紧缸盖螺栓。

②故障原因二：供油时间不准确，使柴油燃烧不完全形成油雾气；喷油嘴开启位堵塞，柴油雾化不均匀；喷油嘴顺序错乱，喷油时间错误；汽缸压缩不良，影响柴油燃烧。

建议检查方法：用手接近消声器出口，手上无水珠。

排除方法：调整供油时间；更换喷油针阀，校正喷油嘴；更正喷油顺序；修理柴油机，提高压缩比；增加热车时间。

23 冒蓝烟的原因及排除方法

故障原因：主要是过量机油参与燃烧；汽缸、活塞间隙过大；汽缸、活塞环的间隙过大；活塞环与活塞环槽的侧间和开口背隙过大；活塞环的开口对齐；进/排气门杆与进气套管间隙过大；进/排气门油封老化。

故障现象：运转时机油加油口喘气量大（燃油从活塞进入）；机油加油口无喘气（机油从进/排气门导管进入）；排气管冒蓝烟而且机油耗量大。

排除方法：更换汽缸套、活塞，使汽缸间隙符合要求；更换活塞环，使开口间隙符合要求；更换活塞与活塞环，使活塞环侧边侧间背隙符合要求；按合格方式安装活塞环；更换进/排气导管、进气门与进排气油封，研磨进/排气门，铰削气门座。

24 冒黑烟的原因及排除方法

故障原因：柴油燃烧不完全，燃油供给系统故障；喷油压力过低，雾化不良；出油阀密封不良，使断油不彻底；个别喷油嘴滴油，有阵阵烟和突爆声；喷油过早，有比较响的敲缸声；供油量过大，有部分柴油燃烧不完全；空气供给系统故障；空气滤清器堵塞，新鲜空气不足；消声器堵塞，排气不尽；压缩系统故障；汽缸、活塞、活塞环漏气，使压缩比降低；内阻力过大；运动件装配间隙过小，部件升温后情况更严重，增加摩擦；润滑不良，变为干摩擦。

建议检查方法：引起问题的原因可能性比较多，检查方法比较复杂，应将汽车送往专业汽修厂检查。

排除方法：燃油系统的故障，校正喷油嘴、更换出油阀、更换喷油嘴针阀体、调整供油时间、校正供油量；空气供给系统故障，更换空气滤芯、清除消声器与气道积炭；压缩系统故障，保养汽缸、活塞、活塞环，提高压缩比；内阻力过大，保养润滑系统，保证油路畅通，提高机油压力，保持各部件之间间隙符合要求。

25 柴油机过热（冷却水量充足情况下）的原因及排除方法

故障现象：行驶时水温超过90℃或沸腾；行驶时水温大概在90℃，停机后马上沸腾。

故障原因：百叶窗开度不足，影响风量；风扇皮带打滑或松弛；节温器不能全开；水泵工作不良；水套或散热器内积聚水垢、铁锈或杂质，形成管道堵塞，阻碍水流；燃烧不良，如点火时间过迟等；发动机润滑不良。

建议检查方法：检查机油是否变质；检查冷却系统相应部件。如上述检查正常，需检查燃烧系统。

排除方法：更换机油；检修相应冷却系统部件；调整点火系统等。

26 柴油机过热的原因（冷却水量不足情况下）及排除方法

故障现象：发动机冷却系统容纳不了规定的冷却水量；在运行中冷却水消耗异常，发动机温度过高。

故障原因：发动机运行时缺水；冷却水循环不畅通；冷却水结冰（冬天），水箱冻阻；水泵、汽缸垫漏水。

建议检查方法：用手摸散热器，上水室感到烫手，但下水室感到冰手，说明散热器有冻阻问题；对老车及夏季用普通水的车辆，应注意冷却系统内水垢沉淀情况；检查有无漏水。

排除方法：检修或更换相应部件；使用优质水箱防冻液。

27 使用龙蟠1号等优质全合成机油时，要不要补加其他添加剂？

几乎全球所有的知名润滑油生产商，都不推荐用户在机油中补加其他添加剂，龙蟠机油作为一种高品质机油，已经添加了性能优良、比例合理的添加剂。所以，我们也不推荐用户在龙蟠机油中添加其他添加剂。

原因是：补加其他化学成分不明的添加剂，极有可能引起机油抗磨、抗氧、清净分散诸多性能平衡被破坏，使机油发生异常衰败，从而导致发动机的损坏。

28 机油压力过高的原因有哪些？

机油压力过高的原因有：

①机油表或传感器失灵。

②机油黏度太高。

③机油主油道有堵塞之处，或缸体内通向曲轴轴承的油道有堵塞之处。

④机油限压阀开启压力调得过高，或限压阀弹簧太硬。

⑤机油限压（柱塞式）卡滞或黏着在关闭的位置。

⑥机油滤清器堵塞而旁通阀又不能开启。

⑦新装发动机主轴承或轴颈与轴承间隙过小。

29 发动机配气系统噪声的原因有哪些？

发动机配气系统噪声的原因有

①发动机配气系统噪声是由于液压气门挺柱与凸轮（或气门座）间产

生间隙造成的。产生间隙的原因大多是由于液压挺柱磨损过多，造成挺柱内部机油泄压较快，需更换液压挺柱。

②曲轴箱油面过高或过低，需检查发动机油位。

③挺柱脏污，需清理液压挺柱。

④气门导管磨损，需铰气门导管并更换加粗气门杆的气门。

⑤气门座或气门锥面失圆，需研磨气门座和气门锥面。

⑥机油太稀，改用更高黏度级别的机油。

⑦机油压力低，检查机油压力低的原因。

30 为什么有的车冬季冷启动不好?

除发动机本身问题外，还可能是润滑油黏度等级选择不合适。如：CF-4 15W-40低温动力黏度不大于7000mPa·s（-20℃）；CF-4 10W-30低温动力黏度不大于7000mPa·s（-25℃）。但请注意，同样黏度的润滑油在不同车辆上的冷启动效果是有差异的，这跟车辆设计有关。

31 为什么机油使用中变得太稠，打开油底壳，里面黑、黏糊糊的，甚至有炭黑色半固体物质?

高品质润滑油在正常使用过程中，黏度只会有较小的变化；盲目延长换油周期，也会使机油黏度变稠；而劣质机油则不然。产生上述现象的主要原因是润滑油严重氧化。

32 汽车亮“红灯”的原因有哪些?

汽车更换机油后，在怠速或行驶过程中出现机油灯报警，也就是司机朋友们常说的“亮红灯”。出现“亮红灯”往往表明发动机的润滑系统有故障，它提示发动机的机油压力过低，应立即停车检查。若继续行驶，将会导致发动机因润滑不良而磨损加剧，甚至危及机件的正常运转造成发动机故障。

当出现“亮红灯”现象时，一般要从以下几个方面进行故障原因分析：

（1）机油黏度选用正确与否

通常，选用机油黏度都是根据当地气候条件来选择，如果黏度选择不当，比如中原地区夏季气温高，若选用SAE 30油，就容易出现“亮红灯”问题。对于车况较差的车辆，如车龄较长，长期超载运行的重卡或保养不及时和保养不当的车辆，其发动机活塞和汽缸间隙较大，在选用的时候，可以适当选用黏度标号高的机油。比如，正常选用SAE40油，车况较差的，就可选用SAE50油，这样可适当保证机油压力正常。如果车况太差，就必须彻底修理发动机。

（2）是否是机油本身的原因

使用了不合格油品，机油黏度或剪切安定性不符合要求；机油消耗过多，机油量不足，可导致机油压力不足。另外，油底壳机油被燃油稀释，机油黏度变小，也可导致机油压力降低，从而带来“亮红灯”问题。

（3）润滑系统工作是否正常

润滑系统工作不正常，其故障原因有：机油泵磨损；机油滤清器堵塞；限压阀调整弹簧弹力过低或弹簧折断；机油滤清器旁通阀不密封或其弹簧折断，弹力调节过小，油管接头松动，油管破裂漏油或油道某处严重泄漏；发动机曲轴轴承或连杆轴承间隙过大、凸轮轴轴承间隙过大；机油压力表或传感器失效。

33 大修后的车辆使用高黏度润滑油还是低黏度润滑油?

大修后的车辆建议使用低黏度的润滑油。因为大修后的车辆需要磨合，使用黏度低的润滑油有利于清洗，有利于散热，有利于过滤金属磨粒，有利于快速到达润滑部位。大修后的车辆，如果使用黏度大的润滑油，容易造成早期磨损和发动机的烧瓦、拉缸等故障，建议车辆磨合期使用黏度级别为10W-30、30或15W-40的发动机油。另外，大修后处于磨合期车辆不可超载运行。

34 机油消耗量过大的原因及与预防措施

车用发动机的润滑方式决定了发动机在正常工作条件下会适度消耗一定数量的内燃机油。依据我国GB/T 19055《汽车发动机可靠性试验方法》，当发动机在额定转速、全负荷条件下运转时，内燃机油/燃料消耗比不超过0.3%就认为是正常的。在美国石油学会（API）的规格中也对内燃机油的消耗有明确的规定，目前最新规格的CK-4和FA-4两类柴油机油对1N发动机台架试验的要求为：在252h的试验周期内柴油机油的消耗量必须小于0.54g/kW·h。发动机工作过程中消耗内燃机油是不可避免的，但当内燃机油的消耗量远大于合理值时则是不正常的，这种现象俗称为"烧机油"。

（1）发动机活塞、活塞环、气缸与烧机油的关系

压缩环又称为气环，主要起密封作用，但对机油耗也产生重要的影响。其影响主要体现在结构设计及环组配合方面，如环高、径向厚度、闭口间隙、断面形状的设计等。油环对机油耗的影响极大，由活塞环部造成的机油异常消耗中，60%~80%都是由油环引起的。油环的控油作用之一是影响气缸滑动面的油膜厚度。油环的控油作用之二是追随气缸套的变形。油环向下经过气缸壁面后，在缸壁上形成一定厚度的油膜，这些油膜约有50%~60%被燃烧、蒸发或裂解。油环与缸壁接触压力越大，油膜厚度越小，实验证明，油环接触压力增加30%，机油消耗下降约40%；内燃机油黏度越大，油膜厚度也越大，这可解释为什么当内燃机油黏度过大时也会增大机油消耗的现象，因为通常使用黏度偏小的内燃机油会增大机油消耗。

（2）气门导管和气门杆与烧机油的关系

在发动机进气过程中，进气管内会形成较大的真空，即气门导管中是负压，发动机气缸盖上的润滑油沿着气门杆与气门导管间形成的间隙被吸入进气道，进入燃烧室而烧掉。特别是当气门油封破损时，会有大量机油被吸入。当导管间隙超过0.10mm时，就会有明显的窜烧机油现象。

（3）废气涡轮增压器与烧机油的关系

当废气涡轮增压器轴和轴承严重磨损时，会导致废气涡轮增压器轴和轴承配合间隙过大，或者油封损坏。润滑增压器轴和轴承的发动机油在压气端通过缝隙进入进气管，在涡轮端则进入排气管，从而造成内燃机油消耗。

（4）曲轴箱强制通风系统与烧机油的关系

发动机燃烧产生的废气有25%左右窜入曲轴箱，这部分废气如果直接排放至大气，由于没有经过后处理装置处理则会污染环境；同时润滑油油雾也由废气携带而直接排出。为了环保和减少机油的损耗，在发动机上安装了曲轴箱强制通风系统。在曲轴箱与进气歧管之间的管路中同时设置单向阀和油气分离器，则既环保又减少机油消耗。发动机运转，曲轴箱内的气压增高时，曲轴箱内的气体经过通风腔、PCV阀、油气分离器，废气中的机油被分离出来，经回油腔回到油底壳，废气进入进气歧管重新返回燃烧室。新鲜空气经过气门室盖上的小空气滤清器进入曲轴箱，使曲轴箱内外的压力保持基本平衡且曲轴箱内处于微负压状态。锥形柱塞卡滞可能导致曲轴箱内负压值太大，如果PCV阀卡死的位置又恰好使之处于全开状态，则当发动机小负荷低速运转时，曲轴箱窜气量较小，而此时真空度较大，导致曲轴箱内的部分机油被吸入进气歧管而燃烧掉。

（5）内燃机油性能与烧机油的关系

内燃机油性能对其消耗的影响主要体现在：

①挥发性高低。常用诺亚克法蒸发损失来评定，试验条件250℃、196Pa的恒定压力下加热1h。如0W-20SN要求蒸发损失不大于15%。挥发性高，相应的蒸发损失大。

②黏度大小。黏度小的润滑油更容易窜入燃烧室。黏度小，则密封性差，发动机窜气量大，曲轴箱强制通风系统单位时间内吸走的油气量就大。黏度小，曲轴箱中润滑油更容易因激溅而形成油雾，且油雾中油颗粒更小，在油气分离器中的分离效率会更低。黏度大，总的效果会降低机油耗，但会增大摩擦阻力，从而降低发动机的经济性。

③氧化安定性与清净分散性决定着内燃机油的使用寿命是否容易生成积炭、漆膜和油泥等沉积物。积炭和漆膜会导致活塞环灵活性降低甚至

卡死，从而引起密封性变差、磨损增大甚至拉缸。油泥会降低油环的灵活性和与缸套的适应性，甚至堵塞回油孔，结果导致润滑油窜入燃烧室的量增加。

(6)降低内燃机油消耗量的对策

良好的发动机状态是降低内燃机油消耗量的前提。主要体现在:

①确保活塞环与气缸套的正确匹配。

②防止密封件泄漏，如气门、涡轮增压器。

③确保曲轴箱强制通风系统工作正常，如PCV阀本身、真空管、通风管、回油管等。

当然，性能优良的内燃机油是降低内燃机油消耗量的保证。选用发动机油的黏度要适中，黏温性能好，具有良好的氧化安定性、清净分散性和抗磨性。尽管内燃机油的性能不是影响机油消耗量的决定因素，但性能差的内燃机油必然会导致机油消耗量大。

35 机油压力异常的原因有哪些?

发动机正常的机油压力是保证发动机各摩擦件得以充分良好润滑的前提和必要条件。一旦发现机油压力过低，应停车查找其原因并排除之后方可行车。否则极易造成因发动机机油压力过低而出现曲轴瓦烧熔而“抱轴”，较严重时可能使发动机因此而报废。

机油压力传感器通常安装在主油道中，如果机油压力表和机油压力传感器正常，而机油压力表指示压力过低，可根据润滑系统的组成和油路对故障可能原因进行分析。如果将油路按油流方向以机油压力传感器为界分成前、后两部分，导致机油压力过低的原因则可分成两方面：一是机油压力传感器前的油路不畅（如滤清器堵塞）或供油不足（如机油量不足)；二是机油压力传感器后的油路泄油过快（如曲轴轴承间隙过大）。尽管不同发动机的润滑系组成和油路有一定的差别，但按上述思路，不难对机油压力过低故障进行诊断:

①机油压力表失灵或通向压力表油路堵塞。分别松开油管与油压表连

接（另一端与主油道连接）的螺母或螺栓，观察到机油冒出的压力较大，则说明压力表有故障，或通往油压表的油管堵塞。

②机油容量不足、机油变质或机油中有水。定期检查油底壳储油的机油尺刻度，按规定加足机油;检查活塞环与缸套的配合情况，磨损严重应加以修理。

③机油牌号不对，黏度小，使机油过稀。更换新的符合规格的机油。

④柴油机长期超负荷工作，使机油温度过高而变稀。减小柴油机负荷，不允许长期超负荷工作。

⑤机油集滤器堵塞，使机油吸入量减少而压力过低。清洗机油集滤器。

⑥机油过脏，使用时间过长而变质等，使吸油盘的滤网或油道堵塞。应更换新的机油，并清洗滤网和油道。

⑦机油泵磨损后，使机油泵内漏增大，则泵油量减少，或者是机油泵纸垫损坏而渗漏机油。可通过减少机油泵端盖垫片厚度的方法来补偿，如泵油量仍不足，应修理或更换磨损零件及损坏的垫片。

⑧检查限压阀的弹簧是否过软、阀门是否磨损过甚。若阀门磨损正常，则应检查弹簧的弹力是否不足。

⑨吸油盘至机油泵的油路装配不严密而漏气，如吸油管空心螺栓拧得不紧等。重新安装，消除漏气故障。

⑩主轴承、连杆轴承，凸轮轴及轴套等润滑部位磨损，间隙增大，润滑油渗漏过多。修理和更换新件，恢复零配件的配合关系，使其间隙在正常范围内。

⑪转子式机油泵外转子装反，使泵油量减少。重新安装，使外转子外圆有倒角的一端装向机油泵体内。

如果机油压力突然降低，一般是机油严重泄漏，如机油道丝堵失落，机油道破裂等，都会使机油大量泄漏，发动机工作中反映出来的机油压力就会很低。另外就是机油泵损坏，如机油泵的齿轮与泵壳，泵轴与轴承之间的严重磨损，或泵轴断裂调压装置失效等原因，使机油泵不能建立起正常的工作压力。发生此种情况后，应立即使发动机熄火，以免造成严重机械事故。然后拆下发动机油底壳，重点检查泄漏部位和机油泵。

如果启动时正常运转后压力迅速降低；发动机刚启动时压力正常，运转一段时间后机油压力迅速降低。诊断这类故障，可通过分析发动机润滑系发生的变化，来确定可能的故障原因。发动机刚启动时，由于启动前大部分机油流回油底壳，所以油底壳内油量比较充足。而运转一段时间后，由于部分机油被泵入油道进行循环，所以油底壳内的油量减少。如果因冷却液或燃油进入油底壳稀释机油，导致其黏度降低，应查明漏水或漏油的原因，将故障排除后再更换新的机油。

如果机油压力忽高忽低，当发动机怠速运转时油压正常，中、高速运转时，机油压力波动（油压表指针在0～0.6MPa之间来回摆动或颤动），其原因主要有：机油泵有故障（如齿轮过度磨损或固定螺丝脱落），机油泵吸入空气；调节阀或回油阀弹簧受异物卡滞，或弹簧弯曲与座孔碰擦，使弹簧运动受阻，球阀的打开和关闭都显得比较困难；油底壳机油短缺，油平面位于集滤器吸油口的极限位置上，或机油管内有杂质但未完全阻塞，使油泵吸油时有时无，造成机油压力忽高忽低；限压阀装配不当或胶黏，使油流阻力不稳定，或机油压力表损坏，也可造成机油压力忽高忽低。

四 齿轮油基础知识

1 我国齿轮油是如何分类的?

我国齿轮油分两大类，一类是车辆齿轮油，包括手动变速箱齿轮油和后桥齿轮油；另一类是工业齿轮油，其中工业齿轮油又分为工业闭式齿轮油、蜗轮蜗杆油、工业开式齿轮油三种。

2 我国车辆齿轮油质量等级分类

我国车辆齿轮油等效采用美国API的质量等级分类，以GL开头，根据1、2、3、4、5顺序排列，数字越大，质量等级越高，如图4-1所示。GL-1、GL-2、GL-3已被API淘汰，我国目前保留的是GL-4、GL-5规格。

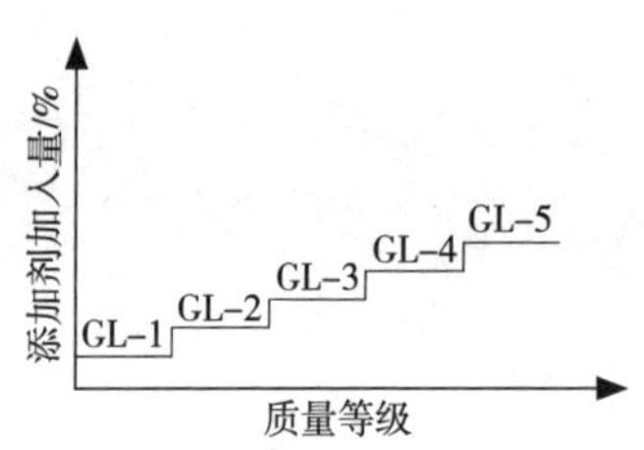

图4-1　我国车辆齿轮油质量等级分类

3 我国车辆齿轮油分类和基本用途

我国车辆齿轮油根据组成特性和作用要求分为普通车辆齿轮油、中负荷车辆齿轮油、重负荷车辆齿轮油三个品种，分别相当于API分类的GL-3、GL-4、GL-5。其中：

GL-3适用于速度和负荷比较苛刻的汽车手动变速器及较缓和的螺旋伞齿轮驱动桥；

GL-4适用于速度和负荷比较苛刻的螺旋伞齿轮和较缓和的准双曲面齿轮，可用于手动变速器和驱动桥；

GL-5适用于高速冲击负荷、高速低扭矩和低速高扭矩下操作的各种齿轮，特别是准双曲面齿轮。

4 车辆齿轮油黏度分类

车辆齿轮油黏度按SAE J306分类，如表4-1所示。

表4-1 车辆齿轮油黏度分类

黏度等级	黏度为150000mPa·s时最高温度/℃	运动黏度（100℃）/（mm²/s）	
		最低	最高
70W	-55	4.1	—
75W	-40	4.1	—
80W	-26	7.0	—
85W	-12	11.0	—
90	—	13.5	小于18.5
110	—	18.5	小于24.0
140	—	24.0	小于32.5
190	—	32.5	小于41.0
250	—	大于41.0	—

5 “85W-90”的含义是什么?

85W-90代表多级车辆齿轮油的黏度等级，其中85W表示在-12℃下表观黏度不大于150000mPa·s，90表示100℃下运动黏度在13.5～18.5mm²/s之间。W是英文单词“冬季”（Winter）的第一个字母，表示此油可在低温下使用。

多级车辆齿轮油比单级油的使用温度范围宽，具有良好的低温启动性和良好的高温润滑性，并具有一定节能效果。

6 车辆齿轮油适用环境温度

车辆齿轮油适用环境温度见表4-2。

表4-2 车辆齿轮油适用环境温度

黏度级别	运动黏度（100℃）/（mm²/s）	环境温度/℃	黏度级别	运动黏度（100℃）/（mm²/s）	环境温度/℃
70W	≥4.1	-45 ~ 0	190	32.5 ~ <41.0	0 ~ 49
75W	≥4.1	-35 ~ 10	250	> 41.0	0 ~ 49
80W	≥7.0	-26 ~ 10	75W-90	13.5 ~ <24.0	-40 ~ 49
85W	≥11.0	-15 ~ 10	80W-90	13.5 ~ <18.5	-26 ~ 49
90	13.5 ~ <18.5	-12 ~ 49	85W-90	13.5 ~ <18.5	-15 ~ 49
110	18.5 ~ <24.0	-9 ~ 49	85W-110	18.5 ~ <24.0	-15 ~ 49
140	24.0 ~ <32.5	-7 ~ 49	85W-140	24.0 ~ <32.5	-15 ~ 49

7 如何选用车辆齿轮油质量等级?

车辆齿轮油的选用原则主要根据驱动桥类型、工况条件、负荷及速度等确定油品使用的质量等级，根据最低环境使用温度和传动装置最高操作温度来确定油品黏度等级。

一般情况下，螺旋伞齿轮驱动选用GL-3；中等速度和负荷的单级准双曲面齿轮，齿面平均接触应力在1500MPa以下，国产轻型汽车后桥、汽车手动变速箱选用GL-4车辆齿轮油；高速重载双曲线齿轮、齿面接触应力高达2000 ~ 4000MPa，滑动速度为10m/s，必须选用GL-5车辆齿轮油。

8 如何选用车辆齿轮油的黏度级别?

原则上，气温低、负荷小的条件下，可选用黏度较小的车辆齿轮油；气温较高、负荷较重的条件下，可选用黏度较大的油品。

①选用车辆齿轮油黏度等级，主要根据其使用环境的最低气温和最高气温。齿轮油的黏度应保证最低温度下的车辆顺利起步，又能满足油温升到最高后的润滑要求。一般情况下我国南方地区可选用85W-90号或85W-140号油，东北及西北寒区宜选用80W-90或75W-90号油。其余中部地区宜选用80W-90或80W-140号油。

②对于重载或道路条件恶劣的车辆，应选用高一黏度牌号车辆齿轮油。

③选用齿轮油时应根据当地的环境温度及车辆的实际使用情况来决定。一般夏天选用齿轮油的黏度高一些，如85W-90或85W-140。冬季选用黏度低一些齿轮油，如80W-90或75W-90。在重载、道路条件恶劣或齿轮机构有相当磨损量的条件下，应选择高一级别黏度牌号的齿轮油。在车辆各传动装置对齿轮油使用性能要求相差不大的情况下，可选用同一性能级别的齿轮油。

④不要误认高黏度齿轮油的润滑性能好。使用黏度太高标号的齿轮油，将会使燃料消耗显著增加，特别是对高速轿车影响更大，应尽可能使用合适的多级齿轮油。在保证润滑条件的前提下，应选用黏度级别低、多级的齿轮油。

9 车辆齿轮油的极压性是否越高越好?

回答是否定的。齿轮油的极压性太强，易造成腐蚀性磨损。车辆齿轮油应具有适度的极压性，以维持适当的承载性和抗腐蚀性。过去常用四球机极压试验来评价车辆齿轮油，以为最大无卡咬负荷和烧结负荷越大越好，这种观点是错误的。况且不同类型的极压剂在四球机试验中的表现是不同的，例如，硫-磷-氯-锌型油的P_B值就比硫-磷型油高，但不能就由此得出前者的承载能力比后者高的结论。实际上，硫-磷型复合剂的用量只有硫-磷-氯-锌型复合剂的一半，但承载能力相当甚至更好。

10 为什么国内汽车厂仍用四球机极压试验来判断车辆齿轮油的质量?

车辆齿轮油质量等级的判断是以标准台架数据为准，但标准台架试验费用高、周期长、可操作性差，一般在产品定型试验时采用。但国内市场车辆齿轮油假冒伪劣产品多，部分产品不加添加剂，导致汽车齿轮快速、异常磨损，对这类油品来说四球机极压试验是最好的、最快的判断办法，所以国内汽车厂仍用四球机极压试验来判断车辆齿轮油的质量。

但四球机极压试验不能作为准确、有效判断车辆齿轮油质量的充分依据。

11 硫-磷型（GL-5、GL-4）车辆齿轮油比硫-磷-氯-锌型齿轮油（18号双曲线齿轮油）好在哪里？

由于润滑油添加剂技术的进步，车辆齿轮油的添加剂已由硫-磷-氯-锌型变成硫-磷型。硫-磷型齿轮油热氧化安定性好、防锈性好等。但硫-磷-氯-锌型齿轮油（18号双曲线齿轮油）添加剂用量大、长期储存易生成沉淀、遇水易水解造成腐蚀。

国内外均已强制淘汰18号双曲线齿轮油。

12 渣油型齿轮油有哪些问题？

渣油型齿轮油（黑齿轮油，冬季要烤车）热氧化安定性差、储存时易生成沉淀，由于配方不合理，容易引起锈蚀。此外，渣油型齿轮油使用氯化石蜡，存在腐蚀和毒性问题。渣油型齿轮油标准在我国已经废止，所以，现在生产渣油型齿轮油，违反质量法规，其产品是伪劣品。

13 市场上的劣质车辆齿轮油能使用吗？为什么还有市场？

目前市场上的劣质车辆齿轮油，不能满足现代汽车使用要求。伪劣产品的基础油中加有渣油、沥青、劣质橡胶或润滑油溶剂精制的抽出油等，现在市场上很多劣质齿轮油采用非标基础油，这些组分热氧化安定性差、黏温性能差、储存安定性差、低温性能差。伪劣产品中添加剂质量差，多使用氯化石蜡，加量不够或配比不当，性能不好，造成车辆早期快速磨损。元素分析可以发现含有氯元素，会造成腐蚀磨损。使用时黏度增长快，油泥和沉淀多。劣质车辆齿轮油是汽车双曲线齿轮快速、异常磨损的主要原因。

有些伪劣油的效果不是很快可以看出来的，短期内用户不易识别。很多人不了解优质润滑油贵的价值是真正保护机件，错误计较眼前利益，以为买便宜油可省钱，不知这些劣油害了机器，不但要花更多钱去修理，甚至机毁人亡，误时误事。由于伪劣油成本低，利润高，而廉价和灵活的经销手段对很多人具有吸引力，加上很多车主对油品质量的判断能力不足及对油品的重要性认识不足，所以仍有一定的市场空间。

14 使用高档车辆齿轮油有哪些好处？

高档车辆齿轮油系深度精制的基础油和高质量的添加剂所组成。各种添加剂的用量经过了仔细的平衡，通过了各种严格的实验室试验和后桥齿轮台架试验。高档润滑油具有适当的黏度、优良的承载性、抗磨性、热氧化安定性、抗腐蚀性、防锈性、抗泡性和储存稳定性。使用高档车辆齿轮油可有效地保护齿轮，延长齿轮装置的寿命。

汽车润滑剂的成本只占汽车操作成本的很小部分。以美国统计数字为例，如表4-3所示。

表4-3　专业运输车队运营费用比例　%

燃料	轮胎	维修	折旧	管理费	润滑油
37	6	27	16	13	1

115个主要的美国运输车队的统计结果表明，润滑油只占汽车总运营成本的1%。所以，有些用户只考虑润滑油的价格，而不考虑产品质量是不明智的。

高档油的价格比低档油高，但其使用寿命长，折算为“润滑油消费额/每万公里”，其实使用高档油是划算的。另外高档油还有可节省燃料，降低保养及大修费用等好处。综合考虑，用高档油更经济，所以润滑油的消费观念应该更新。

15 磨屑对齿轮润滑有什么影响？

汽车后桥和手动变速箱采用飞溅式润滑，旋转的齿轮将润滑油喷溅到齿面及轴承上。存在于油中的磨屑对齿轮润滑影响很大，它是三体磨料磨损的原因之一，同时磨屑也是润滑油氧化的催化剂。齿轮处于运行状态，一定会产生磨损，当然会产生磨屑。但汽车后桥齿轮箱、手动变速箱一般采用磁性塞吸住磨屑，没有外设过滤装置，所以齿轮油必须定期更换。

16 齿轮油使用中可能会出现的问题及改进措施

齿轮油使用中可能会出现的问题及改进措施见表4-4。

表4-4　齿轮油使用中可能会出现的问题及改进措施

问题	可能原因	改进措施
腐蚀	缺少防锈剂	用含防锈剂的油
	油中含水	勤排水、勤换油
	油中含腐蚀性的极压剂	换好油
	油氧化产生的酸性物质导致腐蚀磨损	勤换油
	污染物	查找污染源、防止污染物进入油中
泡沫	缺少抗泡剂、抗泡剂析出	用含抗泡剂的油、补加抗泡剂
	油面高度不当	控制加油量
	空气进入油中、油中含水	防止空气和水进入油中
沉淀或油泥	添加剂析出	换油
	遇水乳化	使用抗乳化性好的油或补加抗乳化剂
	油氧化生成不溶物	使用氧化安定性好的油
黏度增加	氧化	使用氧化安定性好的油
	过热	避免过热
黏度下降	增黏剂被剪断	使用剪切稳定性高的增黏剂
	污染	查找污染源、防止污染物进入油中
漏油	齿轮箱损坏	修理齿轮箱，或暂时用高黏度油
	密封件损伤	更换密封件
不正常发热	齿轮箱中油太多或齿轮油量不足	控制加油量
	油黏度太大	降低黏度
	载荷过高	降低载荷
	齿轮箱外尘土堆积妨碍散热	清洁齿轮箱外壳及邻接的金属部件
污染	主机装配或零件加工时留上的污物	排掉脏油、清洁齿轮箱、换新油
	由通气孔进入的污染物	防止污染物由通气孔进入齿轮箱

续表

问题	可能原因	改进措施
齿面磨粒磨损	磨削或其他污染粒子	换油、清洁齿轮箱
齿面烧伤	缺油	提供足够的油量
	载荷过高	降低载荷
擦伤	齿面温度高	降低操作温度
	油膜破裂	用极压性更好的齿轮油
点蚀	油黏度小	使用高黏度的油
	齿面粗糙	提高齿面光洁度
	局部压力太高	用极压性更好的齿轮油
	重载荷下滑动	增加油的黏度或使用极压齿轮油
胶合	齿面粗糙	提高齿面光洁度
	安装误差引起的齿轮咬和不良	改进装配质量
	低温启动不良	换用低温启动性能好的油品

17 商用车手动变速箱油MT-1规格

1988年美国石油学会为满足重型卡车手动变速箱齿轮油的润滑要求，提出了PG-1齿轮油分类，并于1995年正式将其定位为API MT-1。API MT-1规格手动变速器油适用于不带同步器的重型卡车和客车上，MT-1手动变速箱器齿轮油的质量要求高于GL-4，主要改善了油品的热氧化安定性、与橡胶密封材料相容性和变速箱齿轮耐久循环试验。但由于欧洲、日本与美国的道路条件、变速箱配置和操作工况不同，如欧洲卡车的换挡次数是美国的4倍，而且负荷较大，因此，满足API MT-1规格的手动变速箱油仅适用于北美。欧洲、日本各大汽车公司则要求满足API GL-4规格的油品，并追加OEM各自的性能试验，各OEM除对油品的运动黏度、高低温性能、腐蚀性能、泡沫特性等基本理化性能提出要求以外，还会对油品的储存稳定性、磨损特性、热氧化安定性、材料相容性提出要求，并要求进行同步器性能、耐久性能等台架试验，因此需要使用专用的手动变速箱油MTF。

18 车辆齿轮油PG-2规格与GL-5有何差异?

目前GL-5是API（美国石油学会）车辆齿轮油分类的最高质量等级，能够满足大多数车辆驱动桥齿轮正常的润滑需求。随着车辆的升级换代，齿轮承载能力增加导致油温升高，对油品热氧化安定性要求更加苛刻，与此相关，还要求进一步提高油品使用寿命。齿轮油新规格PG-2主要是改进了GL-5主要使用性能，包含了GL-5的评定项目，增加了齿轮剥落试验（Mark Spalling）和密封件适应性试验（ASTM D5662），强调了热稳定性、清洁性和油封相容性，换油期更长。

19 关于GL-5⁺和MIL-L-2105E

由于车辆设计的改进和用户的要求的提高，以及换油期的延长，车辆传动部位的润滑要求较过去更加严格，但API GL-5齿轮油规格和标准台架已经发布，并应用了30多年，API规格无法满足实际的使用要求和车辆的技术进步。根据实际使用要求，需要对其热稳定性、防腐蚀性、耐久性等加以改进。

为此，美军推出了MIL-L-2105E后桥齿轮油规格，国外各汽车公司也纷纷在API GL-5基础上添加了特殊要求，日本同时推出了GL-5⁺规格，美国还推出了PG-1、PG-2车辆齿轮油（PG-1适用于重负荷手动变速器，PG-2适用于后桥传动机构）。各种规格都提高了高温清净性、抗氧化性、抗磨损性、密封适应性和铜合金适应性等，特别是PG-2在150℃的高温下仍具有良好的润滑效果。

20 ASAE J2360是怎么回事?

SAE燃料与润滑剂委员会传动与底盘系统润滑分技术委员会（TC3）归口车辆齿轮油规范，现行标准有《车辆齿轮油黏度等级分类》（SAE J306）、《车辆驱动桥和手动变速器润滑油》（SAE J308）和《多用途军用车辆齿轮油》（SAE J2360）。SAE J308可视为API 1560细化版，其引用API 1560各代号，并确认API GL-4、API GL-5及API MT-1为现行有效分类。SAE J308列出车辆齿轮油应具备的重要使用性能，包括负荷承载能力、黏度、热稳定性和抗氧化性、泡沫性、腐蚀性及密封相容性等。针对三类产品，每项性能试验方法各异，如负荷承载能力评价，G-4采用CRC L-20试验，GL-5采用L-37试验，MT-1则用ASTM D5182方法。

1977年美国军方将车辆齿轮油认证工作移交给SAE，由SAE负责认证开展，并向军方推荐候选合格产品。SAE随后成立润滑剂评价研究所（LRI）专门从事油品认证评价活动，SAE J2360即在此背景下产生。《多用途军用齿轮润滑油》（SAE J2360）（1998年11月发布）基本与MIL-PRF-2105E等效，已经为北美及越来越多的其他各地汽车制造商所接受。SAE J2360适用范围较广，包括轻负荷齿轮部件、重负荷齿轮部件、传动齿轮部件、七类及八类重负荷卡车非同步手动变速器及汽车万向节等。SAE J2360规定齿轮油产品，按黏度等级分为75W、80W-90、85W-140三大品种，推荐使用温度范围：75W型号为-50 ~ 10℃，80W-90型号为-26 ~ 52℃，85W-140型号为-15 ~ 52℃。SAE J2360规定产品认证试验需按照LRI相关程序进行，其中包括场地道路试验。由于LRI程序严格的要求以及评价的独立性，因此满足SAEJ2360规格要求的产品性能要高于API GL-5和API MT-1。SAE J2360发布后，逐渐代替军方规范MIL-PRF-2105E，成为全球通用的最新标准。

21 为什么手动挡轿车适合用手动变速箱专用油MTF?

随着手动变速箱加工工艺日趋复杂，发动机转速提高，车辆载荷增大，变速箱体积变小及发热量增大等条件变化，导致手动变速箱油使用工况更为苛刻，要求油品具有较好的热氧化安定性；为了改善变速箱传动的可靠性和耐久性，在手动变速箱中引入同步器，同步器的使用提高了手动变速箱的换挡质量，不但要求润滑油具有优良的黏温性能、摩擦特性以及同步啮合的保持性，还要求油品具有良好的抗氧化、抗腐蚀及摩擦特性的保持性。由于同步器有各种不同的材料，如钼、铝合金、黄铜、烧结青铜等，要求油品与同步器材料有较好的相容性；此外，为了延长变速箱的使用寿命，要求油品有较长的换油周期，甚至终身不换油。因此，GL-4规格车辆手动变速箱油已经难以满足变速箱技术发展要求和客户要求，手动变速箱油专用油MTF的出现，有效解决了这些难题。

22 手动变速箱专用油MTF与GL-4、GL-5的区别

API车辆齿轮油规格GL-4、GL-5主要用于车桥润滑，由于带同步器的变速箱润滑一直没有出现专用油品，因此，以API GL-4替代使用，然而GL-4指标中关于变速箱的同步器台架试验并没有考察。在多年的使用过程中，许多OEM发现油品氧化、换挡不舒畅、使用寿命短等问题。GL-5作为后桥油使用被市场广泛认可。然而，也有个别OEM及用户把GL-5作为变速箱油使用（如大众宝来、高尔夫、POLO的MQ200，油品型号：G 052 726 2A），由于GL-5中有较多的硫磷添加剂，会加速变速箱齿轮的腐蚀。相对GL-4的产品，手动变速箱专用油MTF是专为车辆的手动变速箱设计开发的润滑产品，适用于带同步器的手动变速箱的润滑。

23 手动变速箱油MTF有哪些优点?

MTF油不仅在API GL-4规格上增加了性能要求，而且油品性能得到了整体提升。主要性能优势包括：

①优异的热氧化安定性。能够有效防止沉积物的生产，避免造成轴承、密封材质及同步器等损坏，并有利于延长油品的使用寿命。

②优异的黏温性能和抗剪切稳定性，确保出色的换挡性能。油品的运动黏度和摩擦特性对手动变速箱换挡质量影响较大，由于油品黏度会随着温度降低而显著增大，造成换挡不顺畅，而MTF的黏度等级多为75W-85或75W-80，甚至75W，具有优异的低温流动性，而且MTF具有较为合理的动静摩擦系数，从而确保高低温工况的优异换挡表现。

③卓越的同步器耐久性保护。MTF具有良好的氧化安定性、防腐型和摩擦特性保持性，以保证同步器齿轮啮合的性能。

④较好的橡胶密封件兼容性，避免因油品与密封件不相容导致密封件膨胀、收缩或变形等而发生的油品泄漏等问题。

五

液压油基础知识

1 液压油的分类

国际标准化组织（ISO）提出了"润滑剂工业润滑油和有关产品——第四部分H级分类"，我国则等同采用ISO标准制定了H组分类标准GB 7631.2—2003。

国际液压油通常分为两大类：一类是烃类液压油（矿物油型和合成烃型）；另一类是抗燃（或难燃）液压油。其中矿物型液压油按分类标准GB 7631.2—2003又可分为：

（1）L-HL液压油

L-HL液压油是由精制深度较高的中性油作为基础油，加入抗氧、防锈和抗泡添加剂制成，适用于机床等设备的低压润滑系统。HL液压油具有较好的抗氧化性、防锈性、抗乳化性和抗泡性等性能。使用表明，HL液压油可以减少机床部件的磨损，降低温升，防止锈蚀，延长油品使用寿命，换油期比机械油长达1倍以上。我国在液压油系统中曾使用的加有抗氧剂的各种牌号机械油现已废除。目前我国L-HL油品种有15、22、32、46、68、100、150共七个黏度等级。

（2）L-HM液压油

HM液压油是在防锈、抗氧液压油基础上改善了抗磨性能发展而成的抗磨液压油。L-HM液压油采用深度精制和脱蜡的HVIS中性油为基础油，加入抗氧剂、抗磨剂、防锈剂、金属钝化剂、抗泡沫剂等配制而成，可满足中、高压液压系统油泵等部件的抗磨性要求，适用于使用性能要求高的进口大型液压设备。从抗磨剂的组成来看，L-HM液压油分含锌型（以二烷基二硫代磷酸锌为主剂）和无灰型（以硫、磷酸酯类等化合物为主剂）两大类。不含金属盐的无灰型抗磨液压油克服了由于锌盐抗磨剂所引起的如水解定定性、抗乳化性差等问题，目前国内该类产品质量水平与改进的锌型抗磨液压油基本相当。

（3）L-HV液压油

HV液压油是具有良好黏温特性的抗磨液压油。该油是以深度精制的矿物油为基础油并添加高性能的黏度指数改进剂和降凝剂而制成，具有低的倾点、高的黏度指数（＞130）和良好的低温黏度，同时还具备抗磨液压油的特性（如很好的抗磨性、水解安定性、空气释放性等），以及良好的低温特性（低温流动性、低温泵送性、冷启动性）和剪切安定性。该产品适用于寒区-30℃以上、作业环境温度变化较大的室外中、高压液压系统的机械设备。HV的产品设有10、15、22、32、46、68、100共七个黏度等级。

（4）L-HS液压油

HS液压油是具有更良好低温特性的抗磨液压油。该油是以合成烃油、加氢油或半合成烃油为基础油，同样加有高性能的黏度指数改进剂和降凝剂，具备更低的倾点、更高的黏度指数（＞130）和更优良的低温黏度。同时具有抗磨液压油应具备的一切性能和良好的低温特性及剪切安定性。该产品适用于严寒区-40℃以上、环境温度变化较大的室外作业中、高压液压系统的机械设备。HS液压油的质量等级分优等品和一等品，均设有10、15、22、32、46共五个黏度等级。

（5）L-HG液压油

HG液压油亦称液压导轨油，是在L-HM液压油基础上添加抗黏滑剂（油性剂或减摩剂）将振动或间断滑动（黏-滑）减为最小。GB 11118.—2011中规定HG液压导轨油设有32、46、68和100四个黏度等级。

（6）清洁液压油

清洁液压油完全符合我国L-HM抗磨液压油国家标准GB 11118.1—2011。其质量达到德国DIN 51524（Ⅱ）和ISO L-HM规格，该油品特别在清洁度方面进行了严格规定。清洁液压油可用作冶金、煤炭、电力、建筑行业引进及国产的中高压（压力为8～16MPa）及高压（压力为16～32MPa）液压设备对污染度有严格要求的精密液压元件的工作介质。

（7）环境可接受液压液

液压油可能通过溢出或泄漏（非燃烧）进入环境，一些国家立法禁止在环境敏感地区，如森林、水源、矿山等使用非生物降解润滑油，尤其在公共土木工程机械的液压设备中要求使用可生物降解液压油。

目前国外许多公司如ARAL公司、Mobil公司、BP公司相继推出了一系列环境可接受的液压油，占液压油总量10%。一些资料表明，各类油的生物降解率不同，其中以植物油生物降解性最好，且资源丰富，价格较低；合成酯各方面性能平衡较好，但成本太高；聚乙二醇易水溶并渗入地下，造成地下水污染且与添加剂混合后会产生水系毒性。因此，在欧洲，以植物油为基础油的生物降解润滑油在市场中占有较大比例。我国是润滑油生产和消费大国，研制环境可接受的液压油是今后的发展趋势。

环境可接受的液压油，除了具有可生物降解性、低毒性以外，还应添加抗氧剂、清净分散剂、极压抗磨剂等各种功能的添加剂来满足液压系统苛刻的要求。而这些添加剂也应是可生物降解的，并且对所选择的基础油的生物降解性影响要小。

目前国内可生物降解液压液正在研制中，其产品标准尚未制定。随着时代的发展，环保型液压油的品种将会不断涌现，并推广使用。

（8）其他专用液压油

为满足特殊液压机械和特殊场合使用的要求，国内还生产了其他专用液压油，它们的质量标准等级大多数为军标或企业标准，质量等级基本上是HL ~ HM，或近于HV。由于习惯应用，故这些油仍有市场，可归入HM、HV、HS的框架之中。

2 液压油的规格

欧美国家有代表性的液压油规格主要有德国国家工业标准DIN 51524（Ⅱ）—1985（HM级），DIN 51524（Ⅲ）—1990（HV级）；法国国家标准NF E48-603—1983，包括HH、HL、HM、HV；美国Denison公司规格，HF-1为抗氧防锈HL型，HF-2、HF-0为HM抗磨型规格，其中HF-0规格对水解安定性和氧化腐蚀性提出更高要求，还增设了热稳定性、过滤性和高压叶片泵及高压柱塞泵试验，代表了国际上液压油产品的最高水平。

美国Cincinnati-Milacron公司规格，其中P-38、P-55、P-57为抗氧防锈HL型；P-68（ISO 32）、P-69（ISO 46）、P-70（ISO 68）为抗磨HM型；P-75A、P-75B和P-75C为抗磨专用型。

美国Vickers公司规格，主要是抗磨液压油Vickers M-2950-S（35VQ25t）和Vickers I-286-S（V-104C）两种规格。

ISO国际标准化组织规格，ISO/TC28/SC4分技术委员会已出台了ISO 11158—1997（包括HL、HM、HG、HV、HS）矿油型和合成烃型液压油产品标准，ISO 12922—1999难燃液压液，ISO/DIS 15380—2000环境可接受的液压油产品标准，已将环保型绿色液压油正式列到规格标准中。国外液压油规格标准虽侧重点有所不同，有些规格质量水平一般，但国外一些石油公司产品说明书中经常注明这些产品同时符合DIN 51524、NF E48-603、Denison HF-0、ISO/CD 11158等典型规格，说明这些产品实际水平高于官方水平。

我国已制定了GB 11118.1—2011《液压油》产品标准，其中包括L-HL、L-HM、L-HV、L-HS和L-HG，各项性能指标要求高于目前国外相关技术标准。

3 液压油名称如何标记的

在GB 11118.1—2011《液压油》产品标准中对液压油产品名称进行了统一的规范化的标记，标记示例：抗磨液压油（高压）L-HM46，其中“L”表示润滑剂类别，“HM”表示抗磨液压油，“46”表示黏度等级（按GB/T 3141—1994规定），“高压”表示产品质量符合GB 11118.1中所规定的质量等级的档次。

4 HM液压油普通和高压有何区别?

GB11118.1—2011将HM油分为普通和高压，一等品具有较好的抗磨性、抗氧防锈性和抗乳化性，而优等品是参照美国丹尼森公司HF-0标准制定的，增加了水解安定性、热稳定性、过滤性、剪切安定性等试验，在锈蚀和抗磨性上也提高了苛刻度。

5 锌型抗磨液压油（有灰型）和无灰型抗磨液压油的区别

抗磨液压油按抗磨添加剂组成主要分为锌型抗磨液压油（有灰型）和

无灰型抗磨液压油两种：锌型抗磨液压油中所含抗磨剂主要是二烷基二硫代磷酸锌，无灰型抗磨液压油主要使用抗磨剂是硫代磷酸酯或磷酸酯类化合物，无灰型抗磨液压油具有更好的水解安定性、过滤性，对镀银部件无腐蚀。两种液压油性能比较见表5-1。

表5-1　有灰型与无灰型抗磨液压油性能比较

项目	有灰（锌）型油	无灰型油
灰分	高	无
金属	Zn、Ca或Ba	无
总酸值/（mgKOH/g）	~1.5	~0.2
热稳定性	中	良
水解安定性	一般到好	很好
破乳化性	差	优
氧化安定性	好	优
对铜、青铜腐蚀	可能性大	可能性小
泵适应性（叶片泵）	适应	适应
柱塞泵	不适应	适应
FZG齿轮试验	优	好
空穴	可能	无
环境污染	可能性高	可能性低
多效能力	一般到好	极好
成本	中等	较高

6 国内目前专用液压油有哪几种?

为满足特殊液压机械和特殊应用场合，国内生产的不属于标准分类范畴的专用液压油，主要包括航空液压油、舰用液压油、抗银液压油、清净液压油、数控液压油、采煤机油、炮用液压油等，其质量性能大部分介于HL ~ HM之间或近于HV。

7 HV、HS液压油性能特点有何异同?

HV、HS液压油均被称为低温抗磨液压油，即是在HM基础上改善其低温性能的液压油，具有良好的低温性能和黏温特性。HV油黏度指数高达130以上，倾点比HM油低，适用于寒区；HS比HV油具有更好的黏温特性和低温性能，黏度指数更高，倾点更低，适用于严寒区。

8 液压油的基本性能要求

（1）具有适宜的黏度和良好的黏温性能

黏度偏大，会使运行系统压力损失增加；黏度偏小，泵的内泄漏增大容积效率降低；黏度过低，会使系统压力下降，磨损增加。液压系统工作的工作温度及环境温度差异较大，温度的变化必然引起油品黏度的变化，这就要求油品的黏度随温度的变化要小，即油品的黏温性能较好。

（2）良好的润滑性

随着液压系统的工作压力、温度、精度、功率和自动化程度的不断提高，以及液压元件的小型化、轻型化，使得液压系统滑动部位在启动和停运时大多处于边界润滑状态。为防止磨损及擦伤常在油品中添加抗磨剂，以提高油品的抗磨性能，满足润滑的要求。

（3）优良的稳定性

稳定性应包括：热稳定性、氧化安定性、抗腐蚀性、剪切稳定性、水解安定性、低温稳定性和存储稳定性。

（4）良好的抗泡沫性和空气释放性

液压系统由于各种原因可能混入空气，空气在液压油中以掺混和溶解两种状态存在。溶解在油中的空气在液压油中可能引起气穴和气蚀；掺混到油中的空气，以气泡状态悬浮在油中，它对液压油的黏度和压缩性都有影响。

（5）与密封材料的适应性

液压系统漏油是一个重大问题，因此要求液压油对密封垫圈等塑性材料具有不侵蚀、不收缩、不膨胀的性能。

（6）良好的过滤性

液压油的过滤性受油中不溶性胶质、沥青质和污染粒子的影响。随着液压技术的发展，液压控制元件的精密度要求越来越高。高压化使泵的间隙很小，这都增加了装置对油中杂质的敏感性，微小的杂质颗粒都会引起液压元件的异常磨损和失灵，所以油在进入控制元件前，必须经过过滤。这就要求液压油要具有良好的过滤性。

（7）抗燃、无毒、易处理等

9 液压油的选用原则是什么？

根据工作环境和工况条件来选用油，见表5-2。

表5-2　根据工作环境和工况条件来选用液压油

环境（工况）	系统压力7MPa以下，系统温度50℃以下	系统压力7～14MPa以下，系统温度50℃以下	系统压力7～14MPa以下，系统温度50～80℃	系统压力14MPa以上，系统温度80～100℃
室内固定液压设备	HL液压油	HL或HM液压油	HM液压油	HM液压油
露天寒区和严寒区	HV或HS液压油	HV或HS液压油	HV或HS液压油	HV或HS液压油
地下、水上	HL液压油	HL或HM液压油	HL或HM液压油	HM液压油
高温热源或明火附近	HFAE、HFAS液压油	HFB、HFC液压油	HFDR液压油	HFDR液压油

根据摩擦副的形式及其材料选用液压油，见表5-3。

表5-3　根据摩擦副的形式及其材料选用液压油

工况条件	液压油类型
压力大于7MPa的精密机床，14MPa的不含青铜件的液压系统、高压叶片系统	含锌液压油
压力大于15MPa的叶片泵和大于34MPa的柱塞泵	高压无灰液压油
有电液伺服阀的系统	高清洁液压油
含银部件液压系统	无灰液压油

不同类型泵满足运行的黏度界限，见表5-4。

表5-4　不同类型泵黏度选择

泵型	最小工作黏度/（mm^2/s）	最大启动黏度/（mm^2/s）	最佳黏度范围/（mm^2/s）
齿轮泵	不低于20	不大于2000	30-115
柱塞泵	不低于8	不大于1000	30-115
叶片泵	不低于10	不大于700	25-68

①一般对于室内固定设备，液压系统压力≤7.0MPa、温度50℃以下选用HL油；系统压力7.0～14.0MPa、温度50℃以下选HL或HM油，温度50～80℃选HM油；系统压力≥14.0MPa选HM或高压抗磨液压油。

②对于露天寒区或严寒区选HV或HS油。

③对于高温热源附近设备，选抗燃液压油。

④对于环保要求较高的设备（如食品机械），选环境可接受液压油。

⑤对于要求使用周期长、环境条件恶劣的液压设备选用液压油优等品；对于要求使用周期短、工况缓和的液压设备选用液压油一等品。

⑥液压及导轨润滑共用一个系统，应选用液压导轨油。

⑦使用电液脉冲马达的开环数控机床选用数控机床液压油，使用电液伺服机构的闭环系统，选用清净液压油。

⑧含银部件的液压系统，选用无灰抗磨液压油。

10 液压油在使用中应监测哪些项目？液压油的换油标准是什么？

液压油在使用中主要监测油品的外观、黏度变化、色度变化、酸值变化、水分、杂质、戊烷不溶物、腐蚀等项目，定期检测这些项目可以提早发现问题，采取相应措施，避免发生故障，我国已颁布了HL、HM油换油指标，分别为SH/T 0476和SH/T 0599，原则上，使用中的液压油有一项指标达到换油指标时应更换新油。

11 如何解决液压系统中水混入问题

（1）水进入液压系统的途径

水进入液压系统大致有3个途径：

①机械故障如密封不好，冷却盘管渗漏使水进入油中。

②在湿热的气候下，油箱呼吸而带入。

③工作环境潮湿，雨、雪，融冰产生水的污染。

（2）水对液压系统的危害

能够与液压油起反应，形成酸、胶质和油泥，水也能析出油中的添加剂；水的最主要影响是降低润滑性，溶于液压油中的微量水能加速高应力部件的磨损，仅由含水（100～400）$\times 10^{-6}$的矿物油滚动轴承疲劳寿命研究表明，轴承寿命降低了30%～70%。水能造成控制阀的黏结，在泵入口或其他低压部位产生汽蚀损害，腐蚀、锈蚀金属。

（3）解决的办法

加强油中水含量的监测，室外使用的液压设备，最好用防风雨帐篷。加强系统密封措施，防水进入。油箱呼吸孔装干燥器，有条件的系统可安装“超级吸附型”干燥过滤器。

12 如何防止液压油使用中被污染

①应及时注意更换不良的密封件，例如采用降低液压油泵的安装高度，正确选择合适黏度、质量等级液压油，防止空气混入；

②使用过程中或保管过程中要防止混入水，注意油箱，桶加盖，盛油容器保持清洁；

③防止固体杂质混入油中，加油前要清洁油箱内部，管线要清洗吹通，定期换油滤器；

④防止液压油中产生胶质状物质，这种物质产生于油箱涂漆层，要选择耐油的接触物；

⑤根据系统要求，选用不同过滤精度的过滤器。

13 液压油质量与液压系统故障

液压系统发生故障主要是设备的机械故障和操作失误造成的，与液压油质量相关的系统故障大致分以下几个方面：

①液压油系统油温过高而自动停机，可能是液压油黏度过高，摩擦阻力增大而发热；又因油温太高使油品黏度变低，造成系统内泄漏，油泵容积效率下降，磨损增加。

②液压系统压力不稳或不足，可能是选用液压油黏度过低，油中混入空气或油品抗泡性差，油中空气释放性差。

③系统内混入空气、水或其他油品，特别是混入含有清净剂较多的柴油机油。

14 液压油、液力传动油的作用

液压油是借助于处在密闭容积内的液体压力能来传递能量或动力的工作介质。液力传动油是借助于处在密闭容积内的液体动能来传递能量或动力的工作介质。

液压油、液力传动油的作用一方面是实现能量传递、转换和控制的工作介质，另一方面还同时起着润滑、防锈、冷却、减震等作用。

15 液压系统的清洗及换油注意事项

有些液压设备维修后，用金属清洗剂或肥皂水清洗系统，再加液压油进行试机，发现泡沫大，油压不稳。这时，用户通常认为该品牌的液压油质量差，把油排净后换另一品牌的油工作正常，因此就断定前一油差后一油好。其实这是冤案，前油替后油“受了过”，由于系统中残存的金属清洗剂、肥皂水中的表面活性组分污染了前油而使其抗泡性变差，使设备工作异常，前油排干净时也同时把系统冲刷干净，后油也就正常了，类似的情况经常发生。

16 内燃机油与矿物液压油有何主要区别？二者是否可以代用？

内燃机油是根据发动机油的工况生产，内燃机油要求有较高的清净分散性等，液压油主要用于各类液压系统中。由于液压油中缺乏清净分散性不能用作内燃机油，而内燃机油在破乳化、水解安定性等方面达不到液压油的要求，因此内燃机油也不能代用液压油。

17 工业齿轮油能否代替矿物液压油来用?

工业齿轮油中添加剂的主要成分为活性硫、磷等化合物，它一般黏度大，极压性好，但对铜腐蚀敏感，水解安定性达不到液压油的要求，除防锈、抗氧型的同黏度级L-CKB可代替L-HL油外，一般不能随意用来顶替矿物液压油。

18 同种类、同黏度级的不同厂家的液压油品可以随意混合使用吗?

一般不能。因为尽管两种油的种类和黏度完全相同，但二者的化学组成不明，混到一起后，添加剂之间是否起对抗效应不得而知。因此，面对这种情况，处理方法有如下两种：第一，先做互溶储存稳定性试验，并测定其互溶后的主要性能，再抉择；第二，放净设备中的旧油，用新装油冲洗干净系统，再注入新油运行。

19 液压系统的颗粒污染原因及危害

液压系统的颗粒污染的原因：

①液压油使用过程中造成的污染，如液压油氧化产生的油泥或积炭，摩擦副在使用过程中产生的磨粒等。

②外来污染物，如加工残留的金属屑，空气中的尘土、沙粒等。金属杂质或其他硬质污染物会引起摩擦副的磨损，加速润滑油氧化。氧化油泥与水、外来污染物等会形成“固体物”，可能堵塞滤油器、油线管道或润滑油槽。

不同液压系统用油对颗粒污染的要求见表5-5。

表5-5　不同液压系统对油品的清洁度要求

液压系统部件	NAS 1638	ISO等级
电液伺服阀	5	14/11
叶片泵及柱塞泵	7	16/13
方向及压力控制阀	7	16/13
齿轮泵	8	17/14
流量控制阀	9	18/15

六

液力传动油与自动变速箱油基础知识

1 液力传动油介绍

我国JB/T 12194—2015《液力传动油》规定了液力传动油的类别、技术要求和试验方法。目前是，一般液力传动油系列按100℃运动黏度分为6号和8号两个品种。6号液力传动油的性能接近国外的PTF-2类油，主要用于内燃机车或者载重汽车的液力变矩器及工程机械（如挖掘机、装载机、推土机等）的行走系统。8号液力传动油主要用于各种小轿车、轻型载货汽车的液力自动变速器传动系统，性能接近国外的PTF-1类油。

2 自动传动液（ATF）是如何分类的，主要规格有哪些?

汽车自动传动液按使用分类，分为PTF-1、PTF-2、PTF-3三类。

其中PTF-1适用于轻型轿车自动传动装置，主要规格有GM的Dexron ⅡD、ⅡE、ⅢF、ⅢH、Ⅵ和Ford的Mercon、Mercon Ⅴ、Mercon SP、Mercon C规格。

PTF-2适用于重型卡车自动变速及动力转向系统，主要规格有Allison C-3、C-4和Caterpillar的TO-3、TO-4。

PTF-3适用于农业和建筑机械的分动箱传动装置、液压、齿轮、刹车和发动机共用的润滑系统，主要规格有约翰迪尔公司的J-20B、J-14B、JDT-303和Ford的W2C41A。

3 自动变速箱油（ATF）规格的发展

自动变速器在美国汽车市场上的占有率接近90%，日本汽车市场上占有率在80%以上，欧洲乘用车市场上占有率在50%以上，在我国，每年新增的乘用车中，使用自动挡的变速箱约占75%，这个比例还在不断增加。自动传动液作为自动变速器的重要组成部分，在世界范围内的需求也在不断增加，市场潜力巨大。

由于变速箱日益小型化、高负荷化、大扭矩和新材料的推广使用等，设备发展对油品驱动力来自三个方面：一是舒适性和免维护性，主要体现在换挡质量的改进和换油期的延长，这方面对油品的要求体现在氧化安定性、剪切稳定性、摩擦特性和摩擦耐久性方面。二是环保，主要体现在环保材料的选用和橡胶相容性要求。三是节能，主要体现在变速箱的小型化和大功率化，同时包括降低内摩擦引起的能量损失。小型化，导致变速箱内润滑油热负荷升高，提高了对氧化安定性的要求，小型化带来的离合器的尺寸变小，结合大功率化的要求，导致或提高了啮合压力，或要求更高的摩擦系数，前者提高了润滑油抗磨性要求，后者提高了对润滑油摩擦特性的要求。小型化同时也提高了对润滑油抗泡沫性能的要求。因此对动力传动系统用油的主要需求包括更好的氧化安定性、更好的剪切稳定性、更好的抗磨性、更好的摩擦特性和摩擦耐久性、更好的橡胶相容性和抗泡沫特性。由于各种类型的变速箱（AT/CVT/DCT）的变速机理、技术和材料等不同，对润滑油的性能要求也不同，因此市场上的ATF、CVTF和DCTF之间没有通用性。ATF倾向使用低黏度油，需要使用防颤性能好的摩擦改进剂，CVTF在ATF基础上需要增加钢对钢摩擦系数的添加剂，DCTF在ATF基础上需要更强的极压抗磨性。

不同OEM的自动变速箱采用不同的摩擦片，对摩擦系数的要求也不尽相同，因而，自动传动液没有统一的国际标准，以OEM规格为主，相应的OEM规格对自动传动液都有特定的性能要求，这也就决定了自动传动液在技术上具有明显的独特性。北美的规格主要有GM的Dexron Ⅱ、Ⅲ、Ⅵ，Ford的Mercon、Mercon V、Mercon SP、Mercon LV；埃里逊（Allison）的C-4、TES 295、TES 389；克莱斯勒（Chrysler）的ATF+3（MS 7176D）、ATF+4（MS9602）。这些规格在氧化、橡胶相容性以及抗磨性要求上基本相似，主要差别在摩擦特性和黏度性能的要求上。为了提高整车的燃油经济性，ATF朝着降低油液黏度和提高油液摩擦性能的方向发展，Dexron Ⅲ、Mercon V、C-4和ATF+4规格要求的运动黏度（KV100）在7.0 ~ 8.0mm^2/s之间，而新的ATF规格如Dexron Ⅵ、Mercon LV要求KV100在5.4 ~ 6.4mm^2/s之间，并拥有更低的低温黏度（-40℃）。同时，新的规格对摩擦性能提出了更高的要求，并可以完全兼容早期的ATF规格。

欧洲的主要规格有Voith的G 607、G 1363；采埃孚（ZF）的TE-ML

11、TE-ML 14系列；戴姆勒克莱斯勒（Daimler-Chrysler）的MB 236.X系列。亚洲的规格主要有日本的JASO 1A（M315），丰田（Toyota）的T-IV、WS规格，尼桑汽车（Nissan）的Matic-D/J/K系列，本田汽车（Honda）的ATF-Z1，三菱汽车（Mitsubishi）的ATF-2、SP m规格。除JASO 1A外，其他都是非公开的规格。其中，JASO 1A和Toyota T-IV与北美的规格具有较好的兼容性。

发展节油自动挡在发达国家主要有三种模式：美国以增加档次的AT为主，日本以发展CVT为主，欧洲以发展DCT为主。由于中国轿车的70％为各国外资品牌，因此中国的自动挡市场将以增加档次的AT为主，同时CVT和DCT都有一定的发展，AT为大部分OEM所采用，DCT为德系中的大众、一汽轿车、长安及吉利所采用，CVT为日系和奇瑞等采用，因此大体上DCT与CVT旗鼓相当，AT为主要的自动挡产品。

4 液力自动变速器（AT）对润滑油的要求

①黏度特性：为保证自动变速器中油液流量稳定、工作可靠，要求自动变速器油应有良好的黏温特性和较高的黏度指数。

②摩擦特性：减少离合器结合时的换挡冲击，并保持适当的摩擦，避免打滑。

③热氧化安定性：抑制油品的高温氧化分解，防止产生油泥、漆膜等。

④抗磨性能：防止齿轮、轴承、油泵等磨损。

⑤抗腐蚀性能：钝化金属表面，抑制腐蚀。

⑥防锈性能：防止钢铁零件生锈。

⑦密封适应性：防止对橡胶密封件有显著的膨胀、收缩或硬化作用。

⑧抗泡沫性：防止油液中产生泡沫，导致主油路压力下降，离合器工作不稳定。

5 双离合器变速器（DCT）对油品的要求

DCTF分为湿式和干式两种，两者的差异在于扭矩传递方式和润滑方式不同。湿式DCT用油冷却双离合器摩擦片，其扭矩传递通过浸没在油中的湿式离合器摩擦片来实现；干式DCT通过离合器从动盘上的摩擦片来传递扭矩，离合器不需要使用油品进行润滑和冷却。由于干式DCT因其自身所具有的传动扭矩的高效性以及节省了相关液力系统，在很大程度上提高了燃油经济性，较湿式DCT的燃油经济性更优，与传动的MT相比，干式DCT可节省油耗6%左右。

对于干式DCT而言，由于离合器不需要油液润滑，其润滑要求与传动手动变速箱油MTF一致。对于湿式DCT而言，其需要的润滑部位主要包括离合器、齿轮组、主轴、轴承和同步器等，因此对DCTF提出了如下要求：

①适宜的黏度和黏温性能。DCTF在高温条件下要有良好的润滑和冷却性能，防止离合器片过热，并且在低温下要保证启动性能和泵送性能。在保证能形成足够油膜厚度的前提下，低黏度油品可降低系统传动阻力和功率损耗，增加流体流动速度，使系统散热更快。DCT系统工作温度较高，液压和冷却循环系统的效率对DCT工作稳定性影响很大，一般要求DCTF的黏度比手动变速箱齿轮油的黏度要低，在满足性能要求的前提下，DCTF的黏度应该越低越好，DCTF的高、低温黏度与ATF相当。

②适宜的摩擦特性和摩擦耐久性，以保证平滑、持续的换挡。摩擦特性是DCTF的重要特性，一般通过静摩擦因数和动摩擦因数来评价。DCTF应具有与摩擦材料相匹配的静摩擦因数和动摩擦因数。动摩擦因数过小，离合器啮合时滑动增大，启动转矩损失大。为了减少扭矩传递中的损失，离合器在啮合时要尽量提高离合器片间的动摩擦因数，但动摩擦因数不能太大，以免增大离合器间的摩擦，产生磨损。此外，静摩擦因数也不能过大，否则离合器在低速阶段会引起转矩激烈增大，使换挡感觉不够平顺。因此，DCTF中加入摩擦改进剂时既要考虑离合器的平滑啮合、减小扭振，又要考虑啮合时的扭矩损失。

③较高的极压、抗磨减摩特性，以减少齿轮组啮合过程中产生的磨损。抗磨性是机械传动时对油品的基本性能要求，由于DCT是在传统手动变速器基础上通过增加2个离合器和1个电液控制单元来实现自动变速的，其上

有互相啮合的各种齿轮，为满足齿轮润滑的需要，DCTF必须具有良好的润滑性，以防止齿轮的点蚀和磨损。因此要求DCTF的抗点蚀、抗擦伤和抗磨损性能等要至少达到MTF的同等水平。

④优异的热氧化稳定性。DCT离合器在工作时会产生较大的热量。在高温下，DCTF氧化使黏度增大，流动性降低以及在摩擦副表面逐渐积聚，影响油品的摩擦性能，增大离合器的黏滞作用，从而造成双离合变速器产生抖动。

⑤适宜的剪切安定性。在DCTF中需要加入一定的黏度指数改进剂。但这类的高分子化合物分子结构容易在机械剪切作用下发生断裂，一方面造成油品的承载能力降低，另一方面改变油品的黏度，影响油品的使用寿命。因此，随着对油品长寿命要求的逐渐提高，DCTF具备一定的抗剪切稳定性是非常重要的。

⑥适宜的同步器耐久性。与MTF性能类似，DCTF也应具有适宜的同步器耐久性能。各种材料的耐久性能有差异，碳复合材料最好，纸质、钼和烧结青铜次之，黄铜最差。因此，DCTF必须配合同步器材料和结构，以实现同步器的耐久性。采用SSP180同步器试验，通过同步环摩擦因数和磨损量考察油品的同步器耐久性。目前，同步环的主要材质包括黄铜、钼、纸质、烧结青铜以及碳复合材料，材质不同，其换挡舒适性及耐久性不同。

6 无级变速器（CVT）对油品的要求

无级变速器具有金属带式与金属链式传动形式。金属带由多个套在柔性钢带上金属推力块组成，靠推力传递动力。金属链式无级变速器靠连接链两侧端面与压盘摩擦传递动力。比传统的手动和自动变速器的优势主要体现在：

①结构简单，体积小，零件少，生产成本低；

②有限数目的齿轮变速比就可以使发动机进入最佳转速区间；

③它的工作速比范围宽，容易与发动机形成理想的匹配，从而改善燃烧过程，进而降低油耗和排放；

④具有较高的传送效率，功率损失少，经济性高；

⑤连续加速过程中，无换挡感觉，尤其适用于前驱车辆和混合动力车辆。

CVTF的性能要求大多与ATF类似，包括合适的黏度和黏温性能、优异的抗氧化性、防腐防锈性、抗磨性等；主要需要提高的性能要求包括优异的剪切稳定性、金属抗磨保护和更好的抗泡性，其最主要是金属带与滑轮组之间的金属与金属摩擦特性。

7 自动传动液的低温黏度是怎样测定的?

自动传动液的低温黏度是采用GB/T 11145（ASTM D2983）方法，即用Brookfield（布氏）黏度计测定，该黏度代表油品的低温低剪切速率特性，其单位以mPa·s表示。目前DexronⅡE、Ⅲ及New Mercon规格要求-40℃布氏黏度不超过20000mPa·s。

8 自动传动液的主要评定台架有哪些?

自动传动液的主要评定台架有：

①评定摩擦耐久性的SAE №2摩擦试验台架（片式和带式）；

②评定热氧化性能的ABOT铝杯氧化试验；

③THOT透平液压氧化台架；

④THOT透平液压自动循环台架。

ATF与6号、8号液力传动油性能完全不同，ATF要求非常苛刻，是配方技术和评定技术最复杂的油品。

9 ATF代表的是什么，它与齿轮油有什么不同?

ATF是automatic transmission fluid（自动传动液）的缩写。尽管ATF和齿轮油都是用于润滑变速箱齿轮，但它们是完全不同的两种油品，不能互相换用。

10 更换ATF，使变速箱润滑和传力更有效率

一般轿车行驶50000～80000km（或1～2年），或卡车、客车行驶40000～80000km，或是车辆保养大修情况下，或根据生产厂商的推荐，更换ATF。

延长ATF使用的时间会在过滤器内产生杂质，引发齿轮和零件的磨损，并产生淤泥的堆积，使油品变质。而且超时间不更换ATF，在新更换ATF时，可能会使这些微粒和杂质流通，堵塞换挡油阀和输油管道，引起更大的麻烦。

如果不做大修，更换自动变速箱油有两种方式：一种是通过重力作用把油放掉，换油率大概40%，其原理和更换机油相同，一个容量8L油的变速箱能换3～4L；另一种是利用机器产生压力，把变扭器的润滑油管和散热油管里的油进行动态更换，换油率可以达到80%以上，但需要一定的设备支持和熟练的技术支持。

假如没有专业的设备和训练的技工，则可能换油不彻底，又出现两种品牌ATF油混用情况，可能会出现添加剂反应和干扰问题，导致自动变速箱系统故障。

应特别说明的是，通用、丰田、福特三大汽车公司的自动变速箱的摩擦系数不同，所以ATF性能不同，三种车辆ATF原则上不能互换使用，互换使用会造成变速箱的摩擦片损坏，严重的可以在3个月内毁掉摩擦片。

ATF有传递液力和清洗润滑两大功用。一些地区工况比较特殊，风沙天气多、道路拥堵，建议车主缩短更换ATF周期。此外从车辆使用、养护的角度出发，定期更换ATF可以使变速箱的润滑和传力更有效率。

高级轿车变速箱和动力转向系统绝对不可以使用6号、8号液力传动油。

11 液力传动油与矿物液压油是否可以相互代用?

符合规格标准的液力传动油一般可以代替矿物液压油。因为它的高、低温黏度、热氧化稳定性、抗磨极压性等方面优于一般矿物液压油。但市面上6号、8号液力传动油性能各不相同，不建议作为抗磨液压油来使用。

鉴于一般的矿物液压油性能达不到液力传动油的要求，特别是摩擦特性的保持性，因此绝不能随意用矿物液压油代替液力传动油。

12 新能源汽车减速器对润滑油的性能要求

相对于传统变速箱，新能源汽车减速器中增加了电机，所以油品必须具备优异的绝缘性能。而且新能源汽车减速器中有齿轮、湿式离合器等传动部件，所以新能源汽车减速器用油既是能量传递的工作介质，同时也作为热传递介质，起到控制摩擦副的表面温度、防止烧结、冷却和清洁的作用，因此要具有以下特殊性能要求：

（1）良好的绝缘性能

如果新能源汽车减速器中电机与变速器是相耦合的，而且是共用一套润滑系统的，所以为了保证电机安全有效地工作，新能源汽车减速器用润滑油必须具备优异的绝缘性能，防止漏电、短路等情况的发生。

（2）优异的热氧化稳定性

电机在高速高负荷运行下同样产生巨大的热量，加上Fe、Cu等金属的催化作用，油品易在高温下发生氧化衰败，从而生成酸性物质、漆膜和油泥。所形成的沉积物会黏附在摩擦片及齿轮上导致离合器或控制阀的调节失灵，影响换挡性能；生成的酸性物质会产生锈蚀或腐蚀而导致密封泄漏；产生的极性物质会在摩擦表面与功能添加剂发生对抗作用而影响换挡的顺畅性，降低新能源汽车减速器的响应速度。

（3）出色的抗剪切稳定性

当润滑油在新能源汽车减速器中进行动力传递时，由于受到高温及机械剪切作用，尤其电机的高速（15000r/min以上）转动所产生的剪切，使黏度指数改进剂等相分子质量较大的聚合物发生降解，造成油品的高温黏度下降，齿轮润滑油膜不够，离合器会出现打滑现象，从而产生降低传递效率，齿轮磨损等问题。所以新能源汽车减速器用润滑油必须具备良好的剪切稳定性。

（4）优异的高低温性

相对于传统变速箱，新能源汽车减速器里面引入了电机，而电机又极易发热，所以新能源汽车减速器对于润滑油所需要适应的温度范围更加宽泛，一般从-40℃到130℃。而且对于新能源汽车减速器用润滑油而言需要优良的黏度性能来保证低温情况下的良好运行以及高温高负荷状态下良好的润滑保护功能。

（5）优异的抗泡性能

油液中的泡沫不但会影响油品的泵送性，也破坏了油膜强度和稳定性，使摩擦面发生烧结或增加磨损，使润滑系统产生气阻，影响油液的正常循环并有可能使各挡离合器处于一直不能彻底分离或不能完全结合的状态，使新能源汽车减速器无法正常工作。并且若管路产生气阻，供油不足，甚至会使油泵抽空。而且对于新能源汽车减速器而言，气泡会严重地影响油品的绝缘性能，所以新能源汽车减速器用油要具备优异的抗泡性。

（6）良好的极压抗磨性

在高负荷运行下，斜齿轮的齿面负荷较高，需要具有苛刻的抗磨损性能，如果润滑油润滑不到位，起不到保护齿轮的作用。而且齿轮的磨损会导致齿面和齿形线变形，减少齿轮之间的啮合程度，增大齿间隙，从而降低齿轮传递效率，并且导致齿轮敲击噪声的产生。另外，齿轮磨损所产生的金属颗粒或粉末被电机强磁场吸附后，会导致电机气隙的减小，影响电机正常工作。因此，新能源汽车减速器油同样应当具有优良的抗磨损性能。

（7）出色的防腐防锈性

新能源汽车减速器中有大量的有色金属部件，润滑油必须对这些材料不产生腐蚀，如果金属零件发生腐蚀或者锈蚀，则会造成系统失灵，以致损坏。

（8）良好的与漆包线的兼容性

由于电机在工作时与润滑油接触，所以需要考虑在长时间工作情况下，润滑油对电机漆包线的相容性，避免因油品对漆包线的腐蚀溶胀而产生的安全事故。

七

润滑脂基础知识

1 润滑脂是什么？其主要作用是什么？

润滑脂（俗称黄油）是将稠化剂分散于液体润滑剂中形成的一种稳定的固体或半固体产品，其中可以加入旨在改善润滑脂某种特性的添加剂及填料。润滑脂在常温下可附着于垂直表面不流失，并能在敞开或密封不良的摩擦部位工作，具有其他润滑剂所不可替代的特点。人们日常生活用品，如自行车、电冰箱、洗衣机，到农业用拖拉机，到交通运输用汽车、火车、船舶、飞机均少不了润滑脂。

润滑脂是由基础油、稠化剂和添加剂三部分组成，一般是基础油占80%~90%，稠化剂占10%~20%，添加剂占5%左右。

润滑脂的主要作用是润滑和密封，另外还有防水、防尘、防锈、防护等作用。

2 润滑脂的发展

①黄油：1870年左右出现了钙基脂，俗称“黄油”。

②钠基脂、铝基脂：1900年左右，国外工业化发展，要求提高脂的高温性能，发展了钠基脂、铝基脂。

③锂基脂：二次大战期间，由于使用条件苛刻，出现了高、低温性能明显改善的锂基脂。

④聚脲基脂：为适应航空、航天、军事发展需要，发展了聚脲基脂、膨润土脂等产品。

⑤性能改善：为改善润滑脂的润滑性，在润滑脂中加入多种添加剂，如在润滑脂中加入了填充剂，制备出石墨脂、二硫化钼脂等产品，并发展了复合皂基润滑脂等产品。

3 润滑脂牌号及指标特性

润滑脂的牌号按工作锥入度划分，见表7-1。

表7-1 润滑脂牌号

牌号	000	00	0	1	2	3	4	5	6
工作锥入度（25℃）/0.1mm	445~475	400~430	355~385	310~340	265~295	220~250	175~205	130~160	85~115

润滑脂的主要评价指标，见表7-2。

表7-2　润滑脂的主要评价指标

质量特征	评价指标
物理状态	外观、滴点、工作锥入度
化学成分	含皂量、含油量、含水量、灰分、机械杂质、挥发量、含酸或碱量
流动性及力学性能	强度极限、黏度-温度特性、触变安定性、机械安定性、转矩、抗压性、抗磨损性
防护性质	滑落温度、油膜保持能力、防锈性、抗水性
化学安定性	防腐蚀性、氧化安定性
胶体安定性	分油量

润滑脂的基本特性，见表7-3。

表7-3　润滑脂的基本特性

基础油	稠化剂	滴点/℃	热安定性	机械安定性	耐水性	防锈性	泵送性	低温性	橡胶相容性	最高使用温度/℃
矿物油	钙皂	90 ~ 100	差	良	优	-	优	良	好	60
	钠皂	150 ~ 180	良	良	差	-	差	良		120
	钙-钠皂	130 ~ 150	一般	良	一般	一般	一般	良		100
	铝皂	70 ~ 90	差	差	优	良	优	一般		60
	锂皂	170 ~ 190	良	良	良	良	优	良		150
	钡皂	130 ~ 150	一般	一般	良	良	良	一般		120
	铅皂	70 ~ 130	一般	良	一般	一般	一般	良		100
	复合钙皂	大于250	一般	一般	良	良	-	良		150
	复合铝皂	大于250	良	良	良	良	优	良		150
	复合锂皂	大于250	良	良	良	良	优	良		150 ~ 200
	膨润土	大于250	良	良	一般	差	一般	良		150
	聚脲	大于250	优	良	优	优	良	优		150 ~ 200
酯类油	锂皂	170 ~ 190	良	良	良	良	优	优	差	160
	膨润土	—	良	良	良	良	良	优		150 ~ 200
	有机物	250以上	良	良	良	良	良	优		150 ~ 200
硅油	锂皂	170 ~ 200	良	良	良	良	优	优	好	180
	有机物	250以上	良	良	良	良	良	优		150 ~ 200

4 润滑脂的选用

（1）润滑脂的选用原则

①设备工作条件：轴承类型、最高和最低使用温度、设备运转负荷、转速、接触的介质以及其他特殊要求等。

②延长操作周期，减少维修工作量。

③降低润滑脂消耗量。

④参照各类润滑脂的主要性能指标。

⑤结合使用经验。

（2）润滑脂的选择

润滑脂的选择应根据不同机械的运行特点和不同的使用特点。润滑脂选择是否得当，直接关系到机械效率、设备寿命、磨损程度、润滑脂耗量等。

温度：环境温度、摩擦面温度高的机械，应选择高滴点滑脂。如选择龙蟠牌全能脂（180℃）、极压长寿命复合脂（260℃）。

负荷：负荷较大的设备应选择高牌号的润滑脂，并选择加入特定抗磨添加剂的产品，如龙蟠极压锂基脂、重负荷润滑脂等。

转速：由于润滑脂的散热性差，高速轴承的温升快，而且离心力大，油脂容易流失，应选择高黏度矿物油制作的锥入度适宜的锂基脂或复合脂，如龙蟠保轮脂。

使用环境：在潮湿地区使用，必须选择抗水性能优异的润滑脂；在有灰尘的空气中使用，必须选择含石墨或二硫化钼的润滑脂；在有酸气的空气中使用，不能使用锂基脂等皂基脂，应选择烃基脂；停放时间长的设备，应选择防锈性能好的润滑脂；振动部位应选择含二硫化钼的润滑脂。

5 钙基脂与锂基脂有何区别？

钙基脂是由天然脂肪酸或合成脂肪酸和氢氧化钙反应生成的钙皂稠化中等黏度矿物油制成，滴点在75～100℃之间，使用温度不能超过60℃，具有良好的抗水性。

锂基脂是由天然脂肪酸锂皂稠化矿物油或合成油制成。2#以上滴点高于175℃，能长期在120℃左右环境下使用，具有良好的抗水性、机械安定性、化学安定性，锂皂的稠化能力较强，在润滑脂中添加极压、防锈等添加剂后，制成多效长寿命脂。

6 车用润滑脂的特点及性能要求

根据使用部位及其对润滑脂性能要求，商用车润滑脂主要分为：轮毂轴承润滑脂和底盘润滑脂。商用车润滑应具备以下基本性能：

①良好的润滑性能，减少摩擦，降低磨损；

②适宜的稠度；

③良好的高低温使用性能；

④优良的防腐蚀和防锈性能；

⑤良好的密封性能，防止水或尘土进入；

⑥优良的机械安定性能，防止润滑脂变稀或流失；

⑦良好的密封材料相容性；

⑧良好的抗水性；

⑨良好的氧化安定性和热稳定性。

7 商用车轮毂轴承润滑脂的主要品种与选用

（1）车用轮毂脂的主要品种

①汽车通用锂基润滑脂：由羟基脂肪酸锂皂稠化精制矿物油，并加有抗氧、防锈等添加剂制得。适用工作温度为-30～120℃。

②MP多效锂基润滑脂：由羟基脂肪酸锂皂稠化精制高黏度基础油，并加入抗氧、防锈、增黏等添加剂制成，具有更好的黏附性能。适用工作温度为-30～120℃。

③极压复合锂基润滑脂：由复合锂皂稠化精制矿物油，并加有抗氧、防锈、极压抗磨等添加剂制得，具有更好的耐高温和极压抗磨性能。适用工作温度为-30～150℃。

④重载车辆轮毂轴承润滑脂：采用高品质复合皂稠化深度精制矿物油

以及合成油并加入多种高效添加剂制成，具有优良的高低温性和极压抗磨性。适用工作温度为-40～180℃。

⑤严寒区汽车低温润滑脂：由酰胺钠盐稠化低凝润滑油，并加有抗氧、抗磨和防锈等添加剂制得，具有更好的低温性能。适用工作温度为-45～110℃。

（2）商用车轮毂轴承润滑脂的选用

商用车轮毂轴承润滑脂的选用，应考虑车辆类型、载荷、使用环境等因素，选用原则见表7-4。

表7-4　商用车轮毂轴承润滑脂的选用原则

适用车型和工况	选用润滑脂
轻型商用车	汽车通用锂基脂
中型商用车	汽车通用锂基脂或MP多效能锂基脂
重型商用车及苛刻使用工况	极压复合锂基脂或重载车辆轮毂轴承润滑脂
严寒地区各类商用车	严寒地区汽车低温润滑脂

8 商用车底盘润滑脂的主要品种与选用

（1）底盘润滑脂的主要品种

①汽车通用锂基润滑脂：由羟基脂肪酸锂皂稠化精制矿物油，并加有抗氧、防锈等添加剂制得。适用工作温度为-30～120℃。

②极压锂基润滑脂：由脂肪酸锂皂稠化矿物润滑油并加入抗氧、极压添加剂制得。适用于工作温度在-20～120℃范围的高负荷机械设备轴承及齿轮润滑，也可用于集中润滑系统。

③二硫化钼极压锂基润滑脂：由脂肪酸锂皂稠化矿物润滑油并加入抗氧、极压抗磨添加剂及二硫化钼固体润滑材料所制得。适用于工作温度在-20～120℃范围的重负荷，以及有冲击负荷的机械设备轴承及齿轮的润滑。

④极压复合锂基润滑脂：由复合锂皂稠化精制矿物油，并加入抗氧、防锈、极压抗磨等添加剂制得，具有更好的耐高温性和极压抗磨性。适用工作温度为-30～150℃。

⑤石墨钙基润滑脂：由动植物油钙皂稠化矿物润滑油并加入鳞片石墨

而制成。适用于工作温度在-20～60℃范围的汽车弹簧、压延机人字齿轮、起重机齿轮转盘等高负荷、低转速的机械设备润滑。

⑥万向节润滑脂：由复合锂皂稠化精制矿物油并加入防锈、抗氧、极压抗磨等多种高性能添加剂制得。适用于工作温度在-40～150℃范围内的各种车辆的万向节、方向盘十字架等的润滑。

（2）底盘润滑脂的选用

底盘润滑脂的选用应根据商用车的类型、润滑部位和使用环境等因素综合考虑。选用原则见表7-5。

表7-5 商用车底盘润滑脂的选用原则

车辆类型	润滑部位	选用润滑脂类型
轻型商用车	万向节十字轴轴颈轴承、中间支承、传动轴滑动叉、离合器分离器、踏板轴、变速器外操纵机构、转向器结合部位、制动器踏板轴	汽车通用锂基脂
	钢板弹簧	石墨钙基脂或二硫化钼锂基脂
中型商用车	万向节十字轴轴颈轴承、中间支承、传动轴滑动叉	万向节润滑脂
	离合器分离器、踏板轴、变速器外操纵机构、转向器结合部位、制动器踏板轴	极压锂基脂或极压复合锂基脂
	钢板弹簧	二硫化钼极压锂基脂
重型商用车	万向节十字轴轴颈轴承、中间支承、传动轴滑动叉	万向节润滑脂
	离合器分离器、踏板轴、变速器外操纵机构、转向器结合部位、制动器踏板轴	二硫化钼极压锂基脂或极压复合锂基脂
	钢板弹簧	二硫化钼极压锂基脂

9 汽车轮毂轴承采用空毂润滑方式效果如何？

过去，汽车轮毂轴承均采用满毂润滑方式，一是用脂量增加，形成浪费，二是轮毂中过量的脂在行车过程中，因温度升高，有时漏失到刹车毂上而影响刹车效果，出现事故。

从20世纪60年代起我国石油供应部门、科研及交通运输部门联合推行了空毂润滑方式，取得良好的效果。采用空毂润滑方式，汽车或车辆运行正常，不会影响车辆的保养期；节约润滑材料，能节省润滑脂；保证了刹车系统的安全。

现在这种润滑方式已在全国推广使用，摒弃了汽车轮毂内润滑脂装得越多越好的观点。

10 润滑脂在轴承中的填充量多少为适宜?

润滑脂的填充量对轴承运转和润滑脂的消耗量影响很大。轴承中填充过量的润滑脂会使轴承摩擦转矩增大，引起轴承温升过高，并导致润滑脂的漏失；填充过量的脂还会造成多余的润滑脂从润滑部件漏失，给机械运转带来不良的影响。反之，填充量不足或过少可能会发生轴承干摩擦而损坏轴承。

一般讲，对密封轴承，润滑脂的填充量以轴承内部空腔的1/3～2/3为宜。

11 润滑脂润滑故障分析及对策

润滑脂润滑故障分析及对策，见表7-6。

表7-6　润滑脂润滑故障分析及对策

出现的故障	现象	产生的原因分析及对策
设备温度超限	新设备或旧设备更换新轴承开始运转温升快且高，运转磨合后温度仍超限	1. 润滑脂装填量过多； 2. 润滑脂基础油黏度过大或润滑脂稠度过高； 3. K、ND过大，需要选择润滑油润滑； 4. 轴承内含有颗粒机杂
	正常运转轴承脂温升快且高	1. 全密封轴承内润滑失效，更换新脂； 2. 非密封轴承内补充新脂周期过长，润滑脂不足； 3. 集中润滑系统管路或分配器堵塞
设备震动和异常响声	设备在正常运转中出现异常震动	影响因素较多，从润滑因素分析可能是： 1. 润滑脂不足，使接触面微突体相互碰撞，产生高频冲击脉冲震动，润滑状态恶化，轴承表面产生剥落； 2. 润滑脂选用不当，需选择极压脂和稠度合适的脂； 3. 润滑脂失效和供脂管路堵塞，供脂中断
	出现不规则异常响声	1. 若异常响声的周期和频率均无规律，可能是润滑脂失效或进入了杂质，须更换润滑脂； 2. 若异常响声的周期和频率有一定规律，可能是轴承局部损坏，须更换轴承
轴承滚动表面损坏	磨损	设备运转负荷过大或润滑脂流失，摩擦表面处于边界摩擦状态导致磨损。可以选择极压脂或润滑脂稠度及基础油黏度较大的产品

续表

出现的故障	现象	产生的原因分析及对策
轴承滚动表面损坏	微动磨损	处于缓慢摆动和静止状态的轴承，当外界强烈震动和负荷很大时，轴承受力部位产生微小压痕和金属氧化粉末。选用极压润滑脂
	早期疲劳和咬合	1. 油膜破损导致早期疲劳点点蚀或咬合。中速运转轴承当油膜破损时，在高接触应力和摩擦力作用下，产生早期疲劳点蚀；高速运转轴承当油膜破损时，导致轴承工作面黏着和撕裂。应选用极压脂或稠度较大的脂； 2. 供脂管路堵塞，润滑脂不足
	锈蚀	润滑脂中含有金属腐蚀成分或进水导致

12 龙蟠润滑脂产品介绍

龙蟠牌润滑脂品种规格齐全、质量好、包装精美，主要产品牌号、包装、特点、适用范围，见表7-7。

表7-7　龙蟠润滑脂产品介绍

产品	牌号	特点	适用范围
锂能（通用锂基脂）	1#，2#，3#	本产品采用羟基脂肪酸锂皂稠化精制矿物油，并加有抗氧、防锈等添加剂，经先进的纳米级氢氧化锂油基分散技术而制成。产品适用于多种润滑方式。1#可用于集中润滑系统，2#、3#可用于手工注脂方式。通用性强，具有优良的机械安定性和氧化安定性。良好的抗水淋性和防锈性，可应用于潮湿或及与水接触的机械部件上	适用于各种机械设备滚动轴承、滑动轴承以及其他摩擦部位的润滑，如机床、电机、拖拉机及工程机械的各种轴承；1#脂可用于集中润滑系统；使用温度：-20 ~ 120℃
全能脂（汽车通用锂基润滑脂）	2#，3#	本产品采用12-羟基硬脂酸混合皂稠化精制矿物基础油，并加入进口抗氧、防锈、抗磨等多种添加剂制成。具有以下性能特点： 1. 良好的机械稳定性，换脂周期内保持稠度，避免润滑脂流失，使轴承得到保护，从而延长轴承寿命； 2. 优良的防锈、抗腐蚀性，在潮湿的环境下亦能有效保护零部件； 3. 优秀的抗水冲刷性能，有效抵御雨水冲刷； 4. 良好的抗极压性能，有效润滑重负荷零部件	适用于各类轿车、卡车、客车的轮毂轴承、底盘等摩擦部位的润滑；也适用于各种工业机械设备的轴承及其他摩擦部位的润滑；使用温度：-20 ~ 130℃

续表

产品	牌号	特点	适用范围
保轮脂（极压复合锂基润滑脂）	2#，3#	本产品针对重卡轮毂轴承工况研制，采用复合金属皂稠化精制的基础油，加入多种进口添加剂，经特殊工艺制成。具有以下性能特点 （1）优异的耐高温性，在高温环境下有效防止润滑脂基础油流失，特别适用于在高温、高负荷环境下使用的重载轴承； （2）良好的极压抗磨性，满足高负荷、重负荷机械设备的轴承润滑要求，极端工况下，润滑保护层胶体结构稳定，润滑油膜不易破裂，持久润滑摩擦部位； （3）优异的机械稳定性，在剧烈振动下仍能长期保持稠度级别稳定； （4）良好的防水性和防锈性，即使在有水工况下也可确保对设备提供有效保护	适用于中、重型卡车、客车等车辆轮毂轴承，以及机械设备高温摩擦部位的润滑保养；使用温度：-20 ~ 180℃
极压锂基润滑脂	000#，00#，0#，1#，2#，3#	本产品采用羟基脂肪酸锂皂稠化精制高黏度矿物油，并加入抗氧、防锈、极压等多种添加剂而制成，是多用途极压锂基润滑脂。具有以下性能特点： （1）优良的极压抗磨性，有效防止摩擦副的磨损； （2）良好的机械稳定性，在使用中能保持良好的机械稳定性而不会出现软化、流失； （3）具有优良的防锈性，保证设备在潮湿或有水存在下的防护； （4）优良的泵送性，满足集中润滑系统的供脂要求	适用于高负荷设备轴承和齿轮的润滑，如压延机、锻造机、矿山机械、建筑机械、冶金设备等各种设备的轴承，000#、00#、0#、1#可适用于集中润滑系统；使用温度：-20 ~ 120℃
二硫化钼极压锂基润滑脂	1#，2#，3#	本产品采用12-羟基脂肪酸锂皂稠化深度精制的矿物油基础油，并加入抗氧、防锈、极压以及二硫化钼，经特殊工艺制造而成。优良的耐冲击载荷，可有效减少摩擦副金属表面的磨损；良好的防锈性能，能够防止轴承运转过程中的锈蚀；稳定的皂纤维结构，在一定剪切力能保持较好的润滑脂稠度	适用于轧钢机械、矿山机械、重型起重机械等重负荷齿轮和轴承的润滑，尤其适用于有冲击负荷的部位；也适用于某些轴瓦、轴销、滑轨、齿轮、链条和钢丝绳的润滑；使用温度：-20 ~ 120℃

八

防冻液基础知识

1 防冻液的定义

防冻液，又叫冷却液，是用于发动机冷却系统的一种工作介质，由防冻剂、蒸馏水、缓蚀剂等原料组成。

2 乙二醇型防冻液的特点

水的冰点是0℃，结冰后会因体积增加而胀裂发动机冷却系统。防冻液是一种低冰点的液体，在约定的低温下不会结冰，还具有良好的流动性，和水一样带走发动机多余的热量。所以，防冻剂的正确选择，是生产和研究防冻液的第一步。现在市场上的汽车用防冻液，合格的产品基本上都是乙二醇型，即用乙二醇做防冻剂。

市场上的防冻剂有浓盐溶液、甲醇、乙醇、甘油、丙二醇、异丙醇、二甲亚砜等。浓盐溶液会严重腐蚀水箱，已被淘汰。甲醇、乙醇易挥发、沸点低，不利于防冻液长期保持冰点。甘油的密度大、黏度高、流动性差，影响防冻液的循环，会造成发动机冷却降温效能低。异丙醇价格较高，毒性较大；丙二醇的生物降解性好、对铸铝的气穴传热耐腐蚀性好，但价格较高；二甲亚砜适合极地抗冻，但橡胶相容性差。乙二醇则克服了上述的缺点，是比较理想的防冻剂。

乙二醇型防冻液，冰点（凝固点）随着乙二醇在水溶液中的浓度变化而变化。例如，当乙二醇浓度达到42%左右时，冰点为-25℃；当乙二醇浓度达到57%左右时，冰点为-45℃。

在防冻液中，乙二醇的缺点是容易氧化并生成酸性物质乙二酸，腐蚀冷却系统内的金属材质，所以配制时防冻液要加入防腐剂、缓蚀剂才能使用。合格的防冻液都有一组优良而持久的缓蚀剂，对各种金属有均衡的腐蚀抑制作用。一般的缓蚀剂由几种甚至几十种的化学原料，按一定的配比组成，它们之间具有良好的化学平衡性。无机化学原料，如硼砂等，在金属表面形成保护膜，并可以把冷却系统中原有的腐蚀产物与机体剥离下来，防止它继续腐蚀机体。有机化学原料，如有机酸类等，渗透到金属内部形成络合物，长期防止金属的锈蚀、穴蚀和老化。试验证明合格的防冻液对金属的腐蚀，要比水小50～100倍。

3 有机型OAT防冻液的特点

有机型OAT防冻液采用有机酸做缓蚀剂对金属进行有效的保护。有机型OAT冷却液采用全新的吸附膜机理，有效降低防腐蚀组分消耗，有效抑制冷却系统电化学腐蚀，使用寿命更持久，不含硅酸盐，避免沉积物的生成，杜绝硅酸盐凝胶出现，增加水泵密封的寿命；不含胺、硼酸盐和亚硝酸盐，符合亚洲主要车辆和发动机制造商对冷却液化学成分的要求；不含磷酸盐，满足主要欧洲车辆和发动机制造商对冷却液化学成分的要求。目前，市面上大部分高端乘用车均推荐使用有机型OAT防冻液。

4 优质的防冻液应该具备的功能

（1）防腐蚀功能

发动机冷却系统含有6种金属，这6种金属是铸铁、铸铝、钢、紫铜、黄铜及焊锡。一般小轿车的缸体为铸铝，大型货车的缸体是铸铁，而水箱主要是由紫铜、黄铜、铸铝制成的。

优质的防冻液，与水相比，能极大地保护发动机冷却系统，延长使用寿命。

（2）防穴蚀功能

穴蚀是腐蚀的一种，它的腐蚀原理是由无数个气泡打击金属所致，穴蚀对发动机冷却系统破坏性极大。穴蚀主要有两处位置，一处是在缸套的外部，即缸套与防冻液的接触面上，另一处是循环水泵泵体上。穴蚀的现象大家可经常看到，在使用了劣质防冻液以后，发现缸套上像被海浪拍打过一样凸凹不平，水箱也有渗漏，这是穴蚀。穴蚀严重时会将缸套穿透，造成防冻液渗入燃烧室，这种情况大功率发动机尤为突出。拆开水泵发现泵体上有很多麻点，这也是穴蚀现象。穴蚀是冷却系统的大敌，添加优质缓蚀剂的防冻液，具有优良的防穴蚀能力，以延长发动机的寿命。

（3）防沸功能

优质的防冻液还应具备防沸性能，这就要求防冻液有高的沸点。在行车中最讨厌的一件事就是水箱“开锅”，有的还因此被烫伤。在20世纪50～60年代，防冻液的原料主要是酒精，沸点只有80℃。所以经常出现水箱开锅致使车辆无法运行。现在防冻液中，乙二醇水溶液的沸点一般要大于106℃，所以合格的防冻液难“开锅”。合格的防冻液不仅冬季防冻，夏季还可以防沸，它的沸点可以达到106～110℃，无论春夏秋冬都可使用。

（4）防泡沫功能

优质的防冻液有相应的标准规范，一般均添加了消泡剂，大大减轻了泡沫的生成。但几乎所有防冻液高温下都会产生泡沫，有可能是防冻液缓蚀剂自身的抗泡性太差，或是发动机冷却系统的某些部件磨损，或其他原因使大量空气窜入水箱内部，产生泡沫。只要防冻液防泡沫性能符合标准的要求，一般不会对冷却系统和实际使用造成妨碍。

（5）防冻功能

这是发动机冷却液的最基本的要求。

（6）防垢功能

水中的钙、镁离子很容易在冷却系统中形成无机盐水垢。当这些水垢形成于缸体衬里及缸盖水道时，会影响传热效率，出现局部高温区，恶化润滑条件，加速发动机系统的磨损。

优质的发动机冷却液由涤纶级乙二醇、蒸馏水、阻垢剂等原料组成，有效防止水垢形成，并能部分去除原有水垢，提高冷却系统效率。

（7）防锈蚀功能

防止冷却系统锈蚀。

5 防冻液的执行标准

我国现行的防冻液执行标准是GB 29743—2013《机动车发动机冷却液》。

技术要求有理化指标和使用性能两个方面。理化指标包括：pH值、冰点、沸点、密度、水分、灰分、储备碱度、氯含量和对汽车有机涂料的影响。使用性能包括：泡沫倾向、玻璃器皿腐蚀、模拟使用腐蚀、铝泵气穴腐蚀和铸铝合金传热腐蚀。在我国生产、销售、代理和使用的所有汽车用防冻液产品，必须通过这两个标准。

另外，铁道部制定的TB/T 1750—2016《内燃机车用冷却液》，规定了内燃机车用冷却液的技术要求。中国民用航空总局制定的MH 6001—2000《飞机除冰/防冰液（ISO Ⅰ 型）》，技术要求与汽车用防冻液相似，用于飞机表面冰、霜的清除。

在国外，许多发达国家和规模较大的汽车公司，分别制定了相关的防冻液标准：如美国的ASTM D3306—2008（轻负荷汽车）、ASTM D4985—2005（重负荷汽车），英国的BS6580—1992（R1997），法国的NF R15-601—1991，日本的JIS K2234—2006，韩国的KS M2142—2004；美国通用汽车公司的GM 9985504—1989，德国大众汽车公司的VW TL-774等。出口到国外的汽车用防冻液，必须执行国外的相关标准。

6 防冻液的各项检验指标的含义和作用

（1）外观

优质防冻液从外观上看，应是清澈透明、无杂质、不混浊、不分层。外观混浊，说明防冻液中乙二醇、蒸馏水、缓蚀剂等原料不合格。外观大量有沉淀，说明缓蚀剂不能溶于体系中，或者用自来水生产防冻液。外观分层，说明防冻液中添加了润滑油或者高分子油脂。

防冻液的颜色表明添加了着色剂，使产品外表美观，与其他液体区分，防止误饮用；添加荧光素的防冻液，便于发现和检查冷却系统的渗漏。

（2）气味

优质防冻液应无刺激性气味。如果有溶剂油味，说明防冻液中添加了溶剂油或汽油。如果有酒精味，说明防冻液中添加了甲醇或酒精。如果有酸败味，说明防冻液中缓蚀剂变质。

（3）pH值

优质防冻液的pH值，应在7.5～11之间。防冻液pH值小于7.5，酸性过强，容易腐蚀水箱内的金属；pH值大于11，碱性过强，容易使缓蚀剂析出并生成沉淀，失去防腐作用。

（4）冰点

冰点是指液体产生结晶体的最低温度。

使用的防冻液冰点应比所在地区最低气温低10℃以上，例如，南京冬季最低气温-8℃，应使用冰点-18℃以下的防冻液；如北京地区冬季最低气温-25℃，应使用冰点-35℃以下的防冻液；再如哈尔滨冬季最低气温-35℃，应使用冰点为-45℃以下的防冻液。当然，南京地区使用-45℃防冻液也可以，只是有点浪费了，不过，假如车辆可能会从南京去北方，当然是有备无患好。

为什么要使用冰点比气温低10℃的防冻液呢？原因有三点：第一点，尽管在加防冻液前会把水放掉，但冷却系统中总会残留一定量水，加入防冻液后，防冻液会被残留水分稀释，而使冰点提高。第二点，防冻液到达冰点后，已无法正常工作，影响汽车使用。第三点，若估计南京最低气温-8℃，但万一遇到严寒或去气温-15℃的地区怎么办？必须留有一定余地。

因此在选择防冻液时，一定要用比所在地区最低气温低10℃的防冻液，这样才能保证冬季行车安全。在华东地区购买冰点-18℃防冻液，不能再兑水使用。

优质防冻液的冰点应低于规定值，如-25型的防冻液，冰点应小于等于-25℃。市场销售的防冻液分为-18、-25、-30、-35、-40、-45、-50型，适合中国华南、华东、华北、西南、西北、东北等地区的不同气温使用。冰点选择过高，在较低温度下，防冻液凝固冻结水箱；冰点选择过低，使用时液体黏度过大，影响水箱传热，并增加运营成本。

（5）密度

优质防冻液的密度，应在规定值范围之内，如-25型的防冻液，密度在1053～1072kg/m^3（20℃）之间。密度过小，说明添加了密度较低的甲醇、乙醇等防冻剂；密度过大，说明添加了无机盐等密度较高的物质。

（6）沸点

优质防冻液的沸点应低于规定值，如-25型的防冻液，沸点应大于等于106℃。沸点过低，说明添加了挥发性大的甲醇、丙酮等液体；沸点过高，说明添加了高沸点的二乙二醇等液体。

（7）泡沫倾向

优质防冻液的泡沫倾向，泡沫体积应小于150mL，泡沫消失时间应小于5s。如果防冻液的泡沫倾向达不到规定值，说明缓蚀剂添加过多，或者缓蚀剂的选择和复配不合理。

（8）灰分

优质防冻液的灰分，最好低于规定值，如-25型的防冻液，灰分要小于2.0%。灰分过大，说明可能添加了食盐，或者使用钙、镁离子较多的自来水生产防冻液。

（9）储备碱度

优质防冻液最好有一定的储备碱度（防冻液在使用中pH值的变化程度），使得防冻液在长时间使用下，缓蚀剂在稳定的pH值范围内发挥作用。优质防冻液的氯离子含量最好低于规定值，以防止缓蚀剂消耗过快。

（10）腐蚀性

优质防冻液的腐蚀性，应对车内橡胶管、电线绝缘皮等高分子材料，在高温下无腐蚀作用。如果防冻液与高分子材料反应，说明可能添加了乙酸乙酯、溶剂油等液体。

优质防冻液在金属腐蚀方面，一定要通过玻璃器皿腐蚀实验。使用水箱内部的金属材质试片——铸铁、铸铝、铸钢、黄铜、紫铜、焊料进行试验，在88℃温度下，持续通入空气的情况下，浸泡在盛有防冻液的玻璃器皿中336h。实验结束后，各试片的质量变化，应在规定值范围之内，铸铝和焊料为±30mg/片，其他试片为±10mg/片。如果防冻液的腐蚀实验结果超过规定值范围，表明防冻剂、缓蚀剂的选择和复配不合理。

使用时冷却系统很可能出现腐蚀和渗漏现象。如果条件允许，最好通过模拟使用腐蚀、铝泵气穴腐蚀和铸铝合金传热腐蚀实验。防冻液在汽车模拟运行、铝泵气穴、合金传热状态下，质量变化或腐蚀程度在规定值范围之内，证明防冻液中缓蚀剂的选择和复配合理，抗腐蚀能力强。

7 防冻液的寿命

防冻液的正式名称是汽车发动机冷却液。汽车制造厂全年使用防冻液，但驾驶员只在冬季雪花纷飞时才使用，天气转暖后立即放净换水，其实这种做法是错误的。据测试，合格的防冻液最佳性能期为1年，出租车等使用频率较高的车辆每年更换一次防冻液，其他车辆可每两年更换一次。

在正常使用中，可能会遇到水分蒸发、水箱中防冻液数量减少的问题，此时应补充蒸馏水或去离子水，实在没有办法可补加冷开水或自来水，千万不能加井水或矿泉水。

8 使用优质防冻液也会出“问题”

若车辆原来用水或劣质防冻液，在换用优质名牌防冻液后，会出现“奇怪”的现象，如防冻液的颜色变成铁锈色、橡胶管路接头渗漏、水箱渗漏等。这时不必紧张，更不能说防冻液质量有问题，请仔细分析产生这些异常现象的原因，并找出解决的办法。

部分车在使用优质防冻液后，防冻液变浑成铁锈色，同时产生絮状物。这是由于优质防冻液中加入一定量防锈除锈剂，加上乙二醇本身的渗透功能，将原来冷却系统中锈垢清除出来产生上述现象。若锈垢较重，使用几天后，将防冻液放净，加入新液即可。

低温下“开锅”：少数车辆，原来就极易“开锅”，加入防冻液，未能起到明显抑制作用，这是由于车的冷却系统水垢太重，水温达70～90℃即开锅，而水的沸点为100℃，防冻液沸点为106～110℃。假如存在严重的水垢，防冻液是无法解决“开锅”的问题的。

个别车辆使用防冻液前不渗漏，使用优质防冻液后反而出现渗漏问题。这是由于防冻液中乙二醇的渗透作用，将原来的锈垢清除后，暴露出原来锈垢遮盖的砂眼、漏洞，不是防冻液腐蚀冷却系统导致的渗漏。

橡胶管接头渗漏：原来用水的车辆，橡胶管接头膨胀。冬季换用防冻液后，由于乙二醇的作用，将橡胶管回缩至原来的正常位置，此时，紧一下接头卡箍就不会渗漏了。

9 发动机冷却系统中水垢的形成原因及危害

发动机冷却系统中的水垢与日常生活中水壶里的水垢不完全相同，除了具有钙镁离子形成的水垢之外，还有硅胶垢、腐蚀产物形成的金属垢等，形成原因如下：

（1）钙、镁离子水垢的形成主要来源于硬水的添加

在使用过程中，冷却液会有一定损失，需要及时向冷却系统补充冷却液。有些用户不是补加冷却液或蒸馏水，而是直接加入硬水，结果硬水中的钙、镁离子很容易与普通冷却液中的无机盐形成水垢。当这些水垢形成于缸体衬里及缸盖水道时，会出现局部高温区，恶化润滑条件，加速发动机系统的磨损，严重时还会造成缸盖开裂。

（2）硅胶垢主要来源于无机型冷却液中的硅酸盐

作为铝合金的特效腐蚀抑制剂，硅酸盐被广泛应用于无机型冷却液中，但添加硬水时硅胶很容易析出，形成硅胶垢，堵塞散热管且极难清除。结果大大降低传热效率，使发动机过热。

（3）腐蚀产物形成的金属垢

金属垢以铁垢和焊锡垢为主，金属垢形成于冷却系统的焊缝位置，容易造成水道堵塞及焊缝过热，因焊缝位置强度下降而引起泄漏。

10 防冻液的故事

以前在严寒的冬季，为防止汽车冷却系统冻裂，人们采用下班停车后放掉冷却水、上班出车前加热水的办法，或者使用白酒等作防冻剂的防冻液。因此在人们的心目中形成了一个深刻的印象：防冻液的作用就是防冻；防冻液只有冬季可以使用，换季后必须立即换掉。部分驾驶员使用伪劣的防冻液后，得出了一个错误印象：防冻液腐蚀水箱、缸体。

其实，现代进口、国产优质防冻液大多以乙二醇为防冻剂，并加入抗氧、抗腐、抗泡、防锈、防垢等多种添加剂，其名称不应为“防冻液”，而应该是“发动机冷却液”。其作用亦不仅是防冻，还具有防沸、防垢、防腐蚀、防锈、防泡沫、防穴蚀等功能。

按照NB/SH/T 0521—2010《乙二醇型和丙二醇型发动机冷却液》，合格的防冻液必须进行pH值（酸碱度）、冰点、外观、颜色、金属试片（紫铜、黄铜、钢、铸铁、铝、焊锡）腐蚀、橡胶件相容性、储备碱度、对缸体和水泵叶片的防穴蚀、抗泡性等试验。现代汽车防冻液配方的研制很复杂，而合格的防冻液完全能在现代汽车冷却系统中正常工作一年以上，也就是说，使用合格的防冻液一年内不要更换。

但人们在使用防冻液时，大多是冬季使用，开春后就立即放掉，换用自来水、井水、河水等，其实这种方法是不妥当的。南京地区自来水对金属的腐蚀量是合格防冻液的100倍以上，而井水、河水的腐蚀量、形成水垢的能力更强，可以说，合格的防冻液要比自来水、井水、河水强无数倍。长年使用普通水，会在冷却系统形成很重的水垢，影响散热，严重的还会造成过热、开锅，会腐蚀冷却系统，会使冷却系统锈蚀。

近年来，进口汽车及中高档国产车均强调必须全年使用汽车冷却液。只要在冬季前清洁一次冷却系统，选用一种合格的防冻液，平时使用中适当补软水，到第二年冬季重新换液，就可使您的汽车发动机冷却系统保持良好的状态，何乐而不为呢?

11 假冒伪劣防冻液

添加防冻液是汽车保养的重要内容，假冒伪劣的防冻液对车的破坏性不容忽视，轻则堵塞管路，重则腐蚀损害冷却系统，消费者在选购防冻液时不可大意。市场上劣质防冻液单从外观上看，同正规产品相比并无明显区别。所以在购买防冻液时，应多加注意，防止劣质防冻液损坏您的爱车。

这里，首先建议消费者去信誉好的商家购买知名品牌的防冻液。一般劣质防冻液有以下三个特征:

一是有异味。合格防冻液主要成分是乙二醇，没有异味。而劣质防冻液的主要原料是工业甲醇，或各种杂醇等化工下脚料，这些东西一般都有刺鼻的气味，挥发性较强。

二是瓶颈处有溢漏痕迹和计量不准确。劣质防冻液的外包装常常也很漂亮，但这些厂家无专业灌装设备，手工灌装密封性不好，经运输后瓶颈处常有溢漏痕迹，且几乎每一听的质量都不一样。

三是价格很低。如正常合格的4kg装防冻液零售价较高，但劣质防冻液只要几元、十几元不等。根据当前生产防冻液的成本，凡是售价很低的防冻液都不大可能是合格产品。

另外，建议消费者查看包装上的厂名、厂址、电话、生产日期、冰点、沸点等项目。正规产品标注齐全，字迹清晰；伪劣产品字迹模糊容易擦掉，且包装标识内外不符或标注不全。

《中国汽车报》对国内防冻液市场进行暗访、实验，得出结论：防冻液市场乱、乱、乱！

假冒伪劣防冻液有如下几种：以海水作防冻液、盐水作防冻液、以酒精作防冻液、以甲醇作防冻液、以废醇作防冻液等，这些都是不合格的、伪劣的防冻液，价格很低、质量很差、危害很大。

12 防冻液的颜色

防冻液的颜色有蓝色、黄色、绿色等。颜色是在液体中加入染料所致。只是为了与其他液体加以区分，并无其他特殊使用功能。

13 防冻液的稀释

乙二醇型防冻液冰点只与乙二醇含量有关，如表8-1所示，假如用户要稀释，千万不能按照线性关系推断，应按表中比例推算。比如说-45℃防冻液加入等量的水，其冰点不是我们想象的-22.5℃，而是约-10℃。而且加入的水不能是普通水，应该是去离子水，千万不要用深井水。

表8-1 乙二醇特性表

乙二醇含量/%	冰点/℃	乙二醇含量/%	冰点/℃	乙二醇含量/%	冰点/℃
28.4	-10	44.0	-25	54.7	-40
32.0	-15	47.8	-30	57.0	-45
33.3	-18	50.9	-35	68.1	-68

14 龙蟠防冻液产品介绍

产品：龙蟠拒蚀C05、龙蟠拒蚀C08、龙蟠拒蚀C31等。

添加剂类型：无机型、有机型、无机和有机复合型。

颜色：荧光黄、天蓝、中国红、桃红等。

冰点：-18℃、-20℃、-25℃、-30℃、-35℃、-40℃、-45℃、-68℃等。

包装规格：1.5kg、2kg、4kg、8kg、10kg、16kg、200kg、1000kg等。

应用特性：对黄铜、紫铜金属特效保护型，对铸铝金属特效保护型。

龙蟠防冻液性能概述如下：

①龙蟠防冻液调和之纯净水是采用美国进口全自动微膜反渗透38层水净化工艺，有效去除水中阴、阳离子，防止水垢生成，有效提高冷却系统效率。

②龙蟠防冻液调和之乙二醇采用纯度99.99%的涤纶级乙二醇，精选抗腐蚀、抗泡、抗氧化、防锈、除垢等10多种添加剂复合而成。

③优异的拒腐蚀保护，有效抑制发动机冷却系统的电化学腐蚀、传热腐蚀、穴蚀，对铜、焊料、钢、铁、铝等金属有非常好的保护作用，能有效延长冷却系统寿命。

④良好的抗泡性能，保证车辆的正常运行。

⑤独特的硅酸盐稳定技术，防止防冻液在储存和使用中絮凝物的生成，有效防止冷却系统的堵塞和添加剂失效。

性能标准：符合德国大众VW TL-774、美国ASTM D3306、日本JIS K2234、中国NB/SH/T 0521等标准。

15 新能源冷却液展望

截至2020年底，我国的新能源汽车累计销量已经超过480万辆，占全球新能源汽车总量的三分之二。新能源汽车产业的快速发展，为新能源领域热管理液体（冷却液）的开发提供了广阔的市场空间。

（1）氢燃料电池电堆冷却液

车用燃料电池的工作温度一般在60～80℃，须设有专门的冷却装置。在燃料电池系统中，任何与膜电极有接触的流体都不应含有对膜电极危害的离子。开发低电导率（<2μS/cm）燃料电池冷却液以保证系统稳定安全运行，具有良好防腐蚀和冷却作用，能够满足不同工况及类型燃料电池的工作需求，同时需要满足耐高温和低温、长周期稳定运行等技术要求。燃料电池发动机冷却液是由去离子水、乙二醇、添加剂按照一定比例调和而成。

（2）锂电池冷却液

锂离子电池在充、放电过程中会产生大量的热量，影响锂离子电池的效率和使用寿命。电动汽车电池热管理液体需要将每个电池单元的温度保持在20～45℃范围内同时维持整个电池组的温度均匀性（温差通常不超过5℃）。换热方式或换热器结构相同时，冷却液与电池之间的换热效率取决于冷却液的热导率、黏度、密度和流量等，在锂离子电池液体冷却系统中常用的冷却液是水、矿物油、水-醇复合液，各有优势。此外，近些年，相变材料、纳米流体、镓合金液态金属、氟碳介质等新型冷却流体在电池组冷却系统中表现出了新的应用潜力，但相关研究处于实验室阶段，尚无市场化应用。因此，开发新型锂电池冷却液，未来也将具有广阔的市场应用前景。

（3）风电管理系统冷却液

风能开发是全球普遍关注的新能源开发领域，风力发电是风能利用的重要形式。对于功率大于750kW的大型风电机组，需要采用循环液冷的方式满足冷却需求。风力发电设备冷却系统的关键零部件主要组成材料包括铜、钢、铝合金、橡胶等。由于连续运转时间长，维护困难，风力发电设备冷却系统对冷却液性能要求较为苛刻，以乙二醇和水作为基础液的风电冷却液对金属材料的缓蚀性能以及冷却液稳定性是风电专用冷却液的研制重点和难点。

（4）太阳能光伏电池冷却液

太阳能光伏电池可以在-65～125℃正常工作，其输出功率随着工作温度升高呈线性递减关系。太阳能电池防冻冷却液需要更高的温度稳定性（150℃），且使用寿命更长。太阳能电池循环冷却系统是采用各类金属制成的密闭循环系统，因此以水/乙二醇或水/丙三醇为基础液的太阳能电池冷却液需对铜、焊锡、不锈钢、铸铁、铝、镁合金等金属具有良好的缓蚀性能。

九

制动液基础知识

1 合成制动液质量等级的分类

国际标准分类（FMVSS No 116）：DOT3、DOT4、DOT5或DOT5.1。

中国国家标准分类（GB 12981—2012）：HZY3、HZY4、HZY5。

中国汽车行业标准（QC/T 670—2000）：V-3、V-4。

2 合成制动液有哪些性能要求？

制动液（俗名叫刹车液）是机动车液压制动系统和液压离合系统中传递制动压力的液态介质，起传递制动能量、散热、防腐蚀及润滑等作用，是保障车辆安全行驶的重要材料配件。

目前国内广泛使用在车辆制动系统中的是合成型机车车辆制动液。大多数合成型制动液由基础液、稀释剂、添加剂等组成。基础液是制动液主要组成成分，它很大程度上决定了制动液的高、低温性能，橡胶相容性等，同时要求基础液挥发性小，在一段时间内稀释剂挥发完后，基础液也能保证制动系统正常工作。稀释剂主要作用是对制动液的低温性能指标和橡胶相容性能进行适当的调整，以减少橡胶溶胀作用。添加剂主要用来改善和补充其余各项性能指标，添加剂品种有：抗氧化剂、防腐剂、染剂、润滑剂等。

合成制动液有以下性能要求：干沸点、湿沸点、低温黏度、高温黏度、橡胶相容性、化学稳定性、高温稳定性、pH值、金属腐蚀性、低温流动性、抗氧化性、蒸发性、容水性、标准液相容性等。合成制动液生产工艺复杂、技术难度高，是一种安全性产品。所以用户一定要选择优质产品使用。

3 现在国内制动液市场质量情况如何？

汽车制动液质量的优劣，直接关系到汽车制动性能，也就直接关系到车辆与生命财产的安全。随着我国汽车保有量的迅速增长，这一产品的重要性也就越来越大。国家质量技术监督局组织的多次抽查结果表明，目前国内市场上的刹车油质量合格率实在堪忧。产品不合格项目主要集中在以下四个方面：①高温抗气阻性指标不合格；②运动黏度指标不合格；③与橡胶的配伍性差；④对金属腐蚀性大。抽查发现，制动液企业以小型企业居多，生产总量上占优势，形成一定规模的大企业数量较少，且在人员素质、设备、技术条件、管理水平、产品质量状况等各方面，大小企业的差距都相当悬殊。因此，要选用大企业、知名品牌生产的制动液。

4 如何用简易的方法判别制动液质量?

以下三种方法是简易判别制动液质量的方法，当然实际质量状况以标准和实际检测数据为准。

①气味：不能有酒精等气味。

②颜色：清澈透明、无浑浊、无杂质。

③手感：将少量制动液均匀涂抹于手背皮肤，合成制动液有明显的烧手、烫手、发热的感觉。而劣质的制动液手感明显发凉，即有手进入冷水中或涂上酒精的感觉。手感结束后务必立即用大量清水冲洗。

5 合成制动液的吸水性

合成制动液的主要成分醇醚具有很强的吸水性，吸水性是制动液沸点下降的主要原因。

一般情况下，新的合格制动液含水率小于0.2%；制动液在密闭的汽车制动系统中使用6个月后含水率为1.5%，一年后将达3.0%，两年后达4.5% ~ 5.0%。也就是说，最初沸点高达205 ~ 250℃的制动液使用一年后，沸点就降为140 ~ 155℃左右（含水率3.0%）。

但是，作为制动液的保证安全的必要条件就是要求具有沸点高、高温下不易汽化的特点，否则就会在管路中产生气阻现象，从而导致制动系统失效。试验表明，行驶时间愈长，吸水程度就愈高，沸点下降的幅度就愈大。

6 汽车制动液的选用

汽车制动液用于汽车液压制动或离合器系统中。当液体受到压力时，便会很快而均匀地把压力传到液体的各个部分，液压制动系统就是利用这个原理进行工作的。近年来，随着我国汽车工业的发展及进口汽车数量的增加，对制动液的要求越来越高。制动液的优劣，直接影响汽车的行车安全。国内、外对汽车制动液非常重视，把制动液视为安全油料。

国内研制的合成制动液，主要技术性能和试验方法已达到国际先进水平，HZY3、HZY4、HZY5的指标相当于国际上通用的DOT3、DOT4、DOT5标准，具有良好的高温抗气阻性能和低温性能，在我国的绝大部分地区都可以使用。

汽车制动液的主要性能要求：

（1）皮碗的膨胀率要小

制动系统中装置着许多橡胶密封部件，这些密封部件必须保持制动系统完全密闭。而橡胶密封件经常浸在制动液中，长期接触后，皮碗等橡胶密封件的机械强度就会降低，体积和重量发生变化，失去应有的密封作用，会导致刹车失灵。为了不使制动皮碗等橡胶密封件的机械强度和弹性受到损坏，在制动液规格中要求橡胶皮碗的膨胀率要小，一般规定皮碗在常温下，浸泡在制动液中72h，皮碗增重不大于1%～1.5%。

（2）腐蚀性小

制动装置多为铸铁、铜、铝及其他合金制成，长期与制动液接触极易产生腐蚀，使制动失灵。为了使制动液对金属不产生腐蚀作用，在标准中用腐蚀试验进行控制。

（3）沸点高

汽车在高速行驶时制动比较频繁，同时会产生大量摩擦热，使制动系统温度升高。如使用沸点较低的制动液，在高温时就会由于制动液蒸发而使局部制动系统的管路内充有蒸汽，产生气阻，引起制动失灵。

（4）适宜的黏度和良好的低温流动性

这可以保证在各种气温下，制动液能迅速、准确地传递压力，确保制动系统的安全可靠。

7 制动液多长时间需要更换?

制动液在使用一定时间后，会因吸潮出现沸点降低、污染及不同程度的氧化变质，所以应根据气候、环境条件、季节变化及工况等及时检查其质量性能，做到及时更换。一般工况下，制动液在使用两年或5万~6万公里后就应更换，更换时应使用专业设备。在实际使用过程中，若出现下列情况之一都应当更换制动液：制动踏板忽轻忽沉；制动皮碗溶胀；换季时（尤其在冬季）出现制动无力；更换了制动系统的零部件或者对制动系统进行了拆装和修理。

8 刹车液使用中的两种异常情况以及检查方法

汽车刹车系统保养是一个非常重要的问题，因为它事关司乘人员的人身安全，隔一段时间就打开引擎盖查看一下各种液体的高度，这是汽车保养要经常做的一件事。

查看清楚了，就可以自己动手及时补救，以免酿成大错，影响行车安全。

汽车刹车液盛放在主汽缸上方的塑料容器内，检查时与发动机的状况无关，换句话说或行或止或冷或热均可，看上一眼，就清楚明了。

正常情况：刹车液的高度要高于最低点，但不必达到最高点。通常情况下刹车液的数量随刹车片的磨损程度做相应变化。

异常情况1：刹车液太多。刹车液加得太多并无妨碍。不过假如你刚刚更换了新的刹车片就要注意，因为新的刹车片较厚，会使加得过满的刹车液溢出。刹车液滴到车身油漆或底盘上有很强的腐蚀性。

建议：可用一个针头或者吸管将偏多的刹车液吸出。

异常情况2：刹车液太少。如刹车液的高度降到最低点以下，意味着该更换刹车片了。当然也有可能出现刹车液泄漏的情况。一般情况下，即便刹车液偏少，并不影响刹车的效果，但如刹车液干枯，便会导致刹车踏板下降，刹车失效。

建议：假如刹车液的减少并非由刹车片磨损所致，而是由泄漏所致，必须立即补充刹车液，并请车行进行修理。因为事关安全，不可疏忽大意。

注意：刹车液应显示在最低点之上，如已接近最低点，说明刹车片已磨损。

9 汽车为什么不能使用醇型制动液?

醇型制动液，由精制蓖麻油和醇类（蓖麻油57%，乙醇43%）混合而成。其主要优点是价格低且对橡胶无不良影响。

但在炎热季节或频繁使用制动器时，制动液中的醇类蒸发易产生气阻，造成制动系统全部失灵；在严寒地区的冬季使用，制动液会变稠分层，使制动沉重，甚至失灵。醇类制动液还具有易于吸水的性能，使用过程中吸入水分时，就会产生分层现象，而且对金属产生腐蚀作用。

醇型制动液高、低温性能差、金属腐蚀性差，最致命的缺点是沸点低容易产生气阻，在低温下使用过程中性能不稳定性，不能适应现代汽车的要求。所以从安全角度和使用角度考虑，国家已于1989年强制淘汰了醇型制动液。

高级轿车和高速汽车以及高温季节、频繁使用制动的汽车，均不宜用普通制动液，而要选用合成制动液。合成制动液是用二乙二醇乙醚、三乙二醇乙醚、四乙二醇乙醚混合成基础液进行硼酸酯化，再加入抗氧剂、防锈剂、润滑剂、抗橡胶溶胀剂等调和而成。

10 使用劣质刹车油的后果是什么?

使用劣质刹车油的后果是：腐蚀汽车制动系统部件，严重时导致泄漏，威胁行车安全；刹车油高温、化学稳定性差，汽车高速行驶时刹车，摩擦导致高温使刹车油在系统内产生气泡，导致气阻，大大降低刹车油的制动效能，从而危及行车安全。

使用高质量制动液才能保证刹车安全，建议使用合成制动液，如

DOT4或DOT5合成制动液。轻型卡车和微型车制动系统、重型卡车离合器系统使用DOT4合成制动液，轿车和客车制动、离合器系统使用DOT5合成制动液。

11 更换制动液应该注意哪些事项?

①更换制动液之前，务必把制动系统加液口、放气螺钉等处的油污和泥土清理干净，严防杂质进入制动系统污染制动液，然后按照维护手册的规定清洗制动系统。提倡采用同一型号的制动液清洗制动系统各管路，最好不采用酒精、清洗剂之类清洗。

②制动液具有一定的毒性，因此不能用嘴去吸取，还要防止儿童接触制动液。

③制动液对车身外表的涂层具有破坏作用，会产生“咬漆现象”。因此，在更换和加注制动液的过程中，要严防制动液滴落在车身的涂层上。

④没有使用完的制动液要加盖密封，经过7天之后仍然没有加进车辆的制动液，就不能再使用了。

十

汽车养护用品基础知识

一、燃油添加剂

1 汽油清净剂发展状况

汽油清净剂经历了不同的发展过程，到目前为止可分为四代，国际上20世纪60～80年代使用的是第一代产品，1984～1987年以第二代产品为主，1987～1995年以第三代产品为主，1995年以后以第四代产品为主。现发达国家使用的都是第四代产品。

汽油清净剂的主剂决定产品的清净性能，第一代为化油器清净剂，是胺类清净剂，其作用机理是添加剂在金属表面形成吸附膜，防止沉积物在金属表面上形成，但对喷嘴沉积物的清净效果不好；第二代为喷嘴清净剂，主要是相对分子质量为300～500的聚醚胺类、聚异丁烯胺类化合物；第三代为喷嘴、进气阀清净剂，主要是相对分子质量达到了1 000～2 000的聚醚胺类、聚异丁烯胺类化合物；第四代为燃烧室沉积物控制添加剂，同时实现了对喷油嘴、进气阀和燃烧室等全部汽油系统的清净功能，发达国家汽油清净剂产品普遍达到了第四代的要求，主要成分为相对分子质量为1 000～2 000的聚异丁烯胺类化合物。

2 清净剂——汽车心脏的“清道夫”

发动机在工作一段时间之后，会出现油耗增大、动力下降、尾气中CO等有害气体含量增加的问题，这种现象尤其在电喷车上表现较为明显。造成这种情况的原因是因为电喷车的进油结构与化油器式汽车不同，汽油通过喷油嘴，将雾状的汽油喷进气门，汽油浓度相对较高，而此时油道内的温度可能高达200℃以上，因此在进气门上方、气门杆和喷嘴上，极易形成积炭，而且沉积的速度会很快。积炭结在进气门的密封面上，导致气门关不严，缸压下降，发动机指标全面下降；启动时气门冷粘连，发动机剧烈抖动；喷油嘴的积炭使进油不畅，发动机不能出力。

汽油清净剂是一种添加到车用无铅汽油中用以抑制或清除发动机进气系统和燃烧室沉积物的物质，为无色或略带黄色、清澈透明的液体，有点煤油味。清净剂不仅具有清净分散功能，还有防锈、破乳、抗氧化等功能，可以解决汽油中水的存在造成的汽车零部件锈蚀、汽油乳化等问题，因此被称为发动机燃油进气系统的“清道夫”。汽油清净剂具有以下优点：

①有效清除发动机进气系统、供油系统、燃烧室内积炭，并阻止其再聚集；使发动机噪声、颤抖减弱，在酷暑、严寒下也容易启动；还可以使机油的寿命大幅延长。

②节省燃油消耗。

③增强发动机动力，加速性能、时速明显得到提高。

④提高汽油辛烷值，改善油品质量，提高抗爆性能。

⑤使燃油充分燃烧，对燃油机械、设备的尾气极端净化，黑烟、NO_x、SO_2、HC和CO等大量减少。

3 如何选择燃油添加剂?

由于市场混乱，消费者应选择通过认证的知名品牌，选择时不要贪图便宜，应注重产品品质、公司实力、服务保证及品牌美誉度，应选择以清洁养护发动机及油路系统等具综合功能的知名品牌。建议新车坚持用燃油添加剂，保持喷油嘴无堵塞，燃烧室无积炭，尾气达标；行驶里程较高的车，要选择超浓缩优质产品，逐步清洁油路和发动机，达到清洁、润滑、增强动力和节省燃油的效果。

4 用高标号汽油还用燃油添加剂?

有的车主认为用了高标号汽油，再添加燃油添加剂是多此一举。目前炼油厂出厂的符合GB 17930《车用无铅汽油》质量标准的汽油是不含有清净剂的，油品质量虽符合标准，但并不能抑制或消除发动机进气系统、供油系统和燃烧室的沉积物。因此，即使使用了高标号汽油，仍需添加有效汽油清净剂为好。

5 为什么直喷发动机更需要燃油添加剂?

相比于电喷发动机，直喷发动机能带来更好的驾驶感受和燃油经济性，能够有效地提升燃油的燃烧效率，增强发动机的动力。喷油嘴是直喷发动机最关键的部位，相比电喷发动机的喷油嘴，它的结构更加精密，能够在高温高压的燃烧室中，进行多样、精准的燃油喷射，从而实现分层燃烧和稀薄燃烧等更多复杂的燃烧效果。

一旦喷油嘴被积炭堵塞，轻者影响喷油效果，导致动力下降、油耗增加、怠速不稳的现象，重则会加大活塞与气缸壁的摩擦，对发动机造成严重的损害。使用一些燃油添加剂，可以有效地清除喷油嘴的积炭，让燃油喷射更畅通，雾化更充分。因此，针对直喷发动机的车型，还是建议使用高品质的汽油，定期使用燃油添加剂，改善燃油的品质。

6 换乙醇汽油需要加燃油添加剂吗?

车用乙醇汽油是指在不含甲基叔丁基醚（MTBE）、含氧添加剂的专用汽油组分油中，按体积比加入一定比例（我国暂定为10%）的变性燃料乙醇，由车用乙醇汽油定点调配中心按GB 18351—2017的质量要求，通过特定工艺混配而成的新一代清洁环保型车用燃料。车用乙醇汽油按研究法辛烷值分为90号、93号、95号三个牌号。

在首次使用乙醇汽油时，在乙醇汽油的清洗作用下，可能会将汽车油箱、油路中原有沉淀、积存的各类杂质，如污垢、胶质颗粒等软化溶解下来，混入油中。对于车龄较长和不经常使用的车辆，可结合车辆情况，到有相关资质的机动车维修企业进行油路清洗。少数车辆在第一次加注乙醇汽油时可能会出现油路堵塞、发动机抖动的现象，也可通过清洗油路和喷油嘴解决问题。

当然，在加注乙醇汽油时加燃油添加剂也是有好处的。乙醇汽油容易产生积炭，所以会比普通汽油显得动力不足，而且积炭若不及时清理还会对发动机有害，因此加注乙醇汽油时需要添加燃油清洁剂。

7 使用燃油添加剂应注意什么?

①有的车主反映使用燃油添加剂后，爱车会出现一些异常情况，比如油箱很脏的汽车怠速运行30min后，短时间内有黑烟排出，并伴有轻微的爆鸣声。这种情况属于正常范围，车主尽可以放心使用。

②使用三箱油后，可根据发动机运行状况，对发动机进行综合保养调试，并酌情使用。

③发动机需大修和“二保”的车辆，应维修、保养后使用燃油添加剂。

④使用劣质或低标号汽油，应立即使用燃油添加剂。

⑤使用燃油添加剂时切勿入口，而且一定要远离儿童

二、汽车挡风玻璃清洁剂

8 汽车挡风玻璃清洁剂的作用

冬天汽车挡风玻璃上很容易结冰霜、夏天汽车挡风玻璃上经常会有很多虫胶，同时灰尘对正常行驶造成麻烦。而普通的水又不具备清除冰霜的能力，长期使用普通水清洗风挡玻璃，会对玻璃及玻璃附近的部件造成不同程度的损害，使玻璃表面与雨刷器之间摩擦力过大，产生划痕，同时还会损伤车漆。这就需要专用的挡风玻璃清洗剂（车窗清洗剂），也就是大家常说的玻璃水。

优质的车窗清洗剂主要由乙醇或甲醇及多种表面活性剂和水组成。

车窗清洗剂主要具有以下功能:

①清洗性：由于它是由多种表面活性剂及添加剂复配而成，表面活性剂通常具有润湿、渗透、增溶等功能，从而起到清洗去污的作用。

②防冻性：由于有酒精、乙二醇的存在，能显著降低液体的冰点，从而起到防冻的作用，能很快溶解冰霜。

③防雾性：车窗玻璃上的雾、霜均是玻璃表面吸附空气中的水造成的。前者是玻璃表面各个吸附点附近分布不均匀，且吸附特性不完全一致，从而导致吸附的水呈不均匀分布而形成雾滴，而后者则表现为低温时水滴结

成冰而成霜。用车窗清洗剂清洗后，玻璃表面会形成一层单分子保护层，主要成分是表面活性剂。这层保护膜能消除吸附点附近性质的不一致，防止形成雾滴，即使形成了雾滴，表面活性剂也能将液滴铺展成水膜，或将霜溶解后再均匀铺成水膜，提高透明度，保证视野清晰。

④抗静电：运输工具在运行中，风挡与雨刷器及空气中的物质摩擦会产生电荷，而电荷会吸附污物，影响视野。而保护层中的表面活性剂可以中和电荷，或者增强玻璃表面的导电作用，消除玻璃表面的电荷，防止吸附。

⑤润滑性：车窗清洗剂中含有乙二醇，黏度较大，可以起润滑作用，减少雨刷器与玻璃之间的摩擦，防止产生划痕。

⑥相容性：车窗清洗剂中不含各种金属离子，对汽车面漆、橡胶、各种金属没有任何腐蚀作用，相容性良好。

9 购买、使用汽车挡风玻璃清洁剂应注意的问题

①市场上出售的汽车挡风玻璃清洁剂一般来说只能用于汽车挡风玻璃外层的清洗，不宜用于室内、汽车内层玻璃的清洗，除非产品说明特别强调可以使用。

②汽车挡风玻璃清洁剂的颜色只是用于区分，对实际使用功能没有作用，所以不能用颜色来衡量产品质量。

③使用方法：倒入贮液桶内，用喷水器直接喷出。如果喷水器坏了，也可直接用软布蘸汽车挡风玻璃清洁剂擦拭玻璃。

十一 如何选择合适的机油

根据发改委等11部门联合发布的通知，原定于2020年7月全国范围内对轻型汽车实施国六排放标准，受2020年新冠肺炎疫情影响，延期至2021年1月1日开始实施；重型汽车国六a标准从2021年7月1日起在全国范围内全面执行，国六b标准于2021年1月开始执行，天然气重卡将率先进行排放标准升级；到2023年7月，所有轻型汽车、重型汽车都将切换至国六b排放标准。因此，从2021年开始，我国的乘用车、商用车都将进入国六时代，中国将成为全球汽车尾气排放标准最严格的国家之一。国六时代的到来，将对柴机油、汽机油的质量升级带来重大的影响。

1 如何根据排放标准选择适合的柴油机油?

在美国市场，为满足1998年排放标准，柴油机采用两段活塞，进一步延迟着火以降低NO_x排放，同时兼顾高硫（硫含量0.4%）燃料和低硫（硫含量小于0.05%）燃料，进而推出了适应1998排放标准的CH-4柴油机油。通过人为地控制延迟柴油喷入时刻，使得燃烧变得不完全从而降低了燃烧室温度、降低了NO_x的生成，但烟炱增加，要求润滑油有较强的烟炱处理能力，因此烟炱处理能力是油品升级的关键。

人为地延迟柴油喷射时刻是有限的，太长将引起不正常燃烧造成功率损失过大。为满足2002年提前执行的2004年的排放法规，仅用延迟喷油已经不行了，因而又采用了废气冷却再循环，利用闭环控制降低NO_x排放。在这种情况下仅提高油品的烟炱处理能力已不能满足新标准的要求，而且燃烧废气的引入使润滑油的工作条件更加苛刻，因此要求润滑油在提高处理烟炱能力的同时提高对废气中SO、NO等的中和能力，防止发动机机件被腐蚀，提高油品的抗氧化能力。因此2002年推出的API CI-4是一种性能比较完善的油品。

为满足欧Ⅴ排放法规的要求，于2006年进行了CJ-4的认证，适用于配备各种尾气循环柴油微粒过滤器和ACERT引擎技术等复杂排放控制硬件的新型发动机。2016年12月，美国石油协会（API）授权许可两项新的柴油发动机机油标准：API CK-4和API FA-4。CK-4在CJ-4的基础上对油品抗氧化、发动机部件磨损保护、黏度剪切稳定性、空气释放性等关键性能大幅改进和提升。而FA-4级机油，则是在CK-4基础上开发而来，它在性能上更加侧重燃油的经济性能的提高，适用于较新等级的发动机，并且能够满足欧六、国六发动机排放标准的要求。

国六排放时代，对重型柴油机油品的需求可以概括为四点：低灰分、高性能、低黏化、长换油。

（1）低灰分

目前我们市面上主流的柴机油级别如API的CI-4和ACEA的E4/E7，采用的都是高灰分添加剂配方，灰分值大于1.0%。润滑油中过高的硫酸盐灰分参与燃烧会生成无机盐，造成DPF颗粒捕捉器堵塞，PM过滤效果下降，背压增加，严重时可损坏DPF系统无法再生。所以选择合适灰分并合理控制硫、磷等金属元素含量的润滑油品，可有效保护DPF尾气处理装置，同时满足国六阶段对长期车辆排放耐久性的要求。所以建议国六排放且加装DPF尾气装置的商用车一定要选择CJ-4/CK-4或ACEA E6/E9级别的产品。

（2）高性能

国六阶段，绝大部分重型商用车发动机引入了EGR废气再循环系统，这对润滑油的清净分散性和抗腐蚀性能提出了更高要求。同时为应对长换油周期，要求能够更好地控制油品黏度增长老化程度，合理提高HTHS黏度，减少蒸发损失带来的频繁补加影响。因此，适配重卡国六发动机的油品级别将升级为CJ-4/CK-4或者ACEA E6/E9，以API最新发布的CK-4级别柴油机油为例，在台架试验方面引入了最新CAT C13空气充气性和Mack T-13氧化测试，同时兼容康明斯ISM EGR评定和ISB阀系磨损评定，与CJ-4级别产品相比，抗磨损保护提升了20%、高温黏度控制提升了30%、抗氧化性能提升了50%。

（3）低黏化

从燃油经济性角度出发，降低润滑油初始黏度级别，可以适当为车辆的燃油经济性做出一定的贡献，但降低黏度的同时还要充分兼顾磨损保护和换油周期。目前重型商用车燃油经济性的强制性法规还未出台，但相信在不久的将来，随着乘用车2020年百公里油耗5L法规政策的落地实施，商用车燃油经济性也将会适时提出。为了适应对燃油经济性法规的要求，目前国六阶段商用车用油黏度将逐步从原来的XW-40/XW-50逐渐向XW-30油品过渡，在全面转向XW-30黏度后，大致可以实现1%左右的燃油经济性提升。

（4）长里程

国五阶段，国内主流重卡厂商基本完成了各自长换油周期高端牵引重卡的市场布局，依据各自的技术路线和发动机特点，国五阶段重卡长换油周期基本集中在8万～10万公里，润滑油级别集中在CI-4和ACEA E4，黏度主要以10W-30和10W-40为主。通过前期一系列的市场使用经验反馈来看，在标准载重工况环境下，选用合乎标准的燃油、机油、滤清器等配套设施，8万～10万公里的换油周期是完全可以实现的。进入到国六阶段，重卡发动机马力步入500～580马力区间，钢活塞、抗磨涂层及超高压燃油喷射系统技术的加持，包括气体机燃烧方式的改变，将进一步提升换油里程周期。预计国六阶段，商用重卡牵引车的换油里程周期将提升到12万～15万公里，黏度将主要以5W-30和10W-30为主。

2 如何根据排放标准选择适合的节能型汽油机油？

2001年推出的SL/GF-3汽油机油规范，则更强调了汽油机油燃油经济性的持久性，不仅要求新油品具有节油效果，而且要求使用过的油品也具有一定的节能效果，同时油品的抗氧化能力也有了更大的提高。

2004年推出的SM/GF-4级汽油机油规范也是紧紧围绕节能和环保的主题，既要求油品具有更强的节能效果，又要求进一步降低油品中磷含量。

2010年推出的SN/GF-5级汽油机油规范燃油经济指数FEI的最低限制应当比相当黏度等级的GF-4规格机油至少提高0.5%，SN/GF-5油品将对磷含量最低限控制在0.06%。

2020年5月，美国石油学会推出SP/GF-6级汽油机油规范，相较于SN/GF-5、SP/GF-6在各方面进行了优化和升级。它不仅对燃油经济性、清净去沉淀、持久抗氧化及摩擦防止等方面做了进一步提升，还在此基础上增加了LSPI预防和保护正时链条抗磨损的新认证项目及标准。从新程序VIE的燃油经济性试验中可以看出，XW-20燃油经济性改善提高了38.5%，XW-30提高了52%，10W-30 则提高了66.7%。具体来说，改善润滑达到节能的基本途径是：

①润滑油低黏度化；

②润滑油高黏度指数化（多级油）；

③润滑油减摩性能最佳化；

④润滑油品质高档化。

例：SAE 15W-40级润滑油在发动机活塞环区（T=230℃）比SAE 40和SAE 30级润滑油的黏度要高17%和26%。在低温下黏度低有利于发动机启动，降低启动磨损，减少启动时的摩擦力引起的能量消耗；高温下黏度高有利于保持油膜与润滑，降低因蒸发引起发动机油向燃烧室的“漏油”，从而降低油耗，起到节能的作用。

国六排放时代，乘用车发动机油必须最低满足欧洲汽车制造协会ACEA的C2/C3/C5质量等级，或者美国石油学会API的SP质量等级。

符合不同排放标准要求的乘用车、商用车所必须使用的最低质量等级的润滑油要求见表11-1。

表11-1 排放标准与润滑油规格发展的大致对应关系

欧洲排放标准	欧Ⅰ标准	欧Ⅱ标准	欧Ⅲ标准	欧Ⅳ标准	欧Ⅴ标准	欧Ⅵ标准
中国排放标准	国Ⅰ标准	国Ⅱ标准	国Ⅲ标准	国Ⅳ标准	国Ⅴ标准	国Ⅵ标准
汽油机油	SF	SG/SH	SJ/SL	SM	SN/ SN PLUS	ACEA C2/ C3/C5/ API SP
柴油机油	CD/CE/CF	CF-4/CG-4	CH-4/CI-4	CI-4/CJ-4	CJ-4/CK-4	CJ-4/CK-4

3 如何根据车况选择润滑油?

新车：选择低黏度等级，质量等级等于或高于生产厂家要求。

大修车（处于磨合期）：选择低黏度等级，质量等级高于生产厂家要求。

老旧车：选择高黏度等级，质量等级高于生产厂家要求。

4 选择润滑油的基础常识

发动机的型式分为汽油发动机和柴油发动机。发动机油也相应分为汽油机油和柴油机油。发动机油的品质分类采用API S后跟一英文字母和API C后跟一英文字母来分别表示汽油机油和柴油机油，后跟的字母排序越靠后表示级别越高。如API SH级高于API SG级，因此选用发动机油时一定要先确定是选用汽油机油还是柴油机油。如发动机油的包装上表示API SH/CD，则表示该机油用作汽油机油级别达到SH，用作柴油机油，则级别达到CD。

按目前来讲，API的级别都是向下兼容，例如API SP质量级别的机油可以用于要求API SN机油的发动机。如果条件允许，尽量选用更高级别的发动机油，因为它能对发动机提供更好的保护。一般来讲，发动机油的质量级别越高，价格越贵。

选择发动机油要根据车厂的说明书要求来确定使用相应的质量级别或更高的级别。选择发动机油还要考虑季节的变换。因为油品的黏度会随温度变化而变化，冬天黏度变高，夏天黏度变低，因此在非常炎热的地区，尽量选择油品黏度稍高一点的机油。在寒冷的季节，可使用较稀的机油。但现在高质量的机油可以同时用于多种气候条件下。

路况对发动机油的选择影响不大，但路况在很大程度上会影响到机油的寿命，路况较差的地区，应缩短机油的换油周期。

另外，新型发动机由于采用了电子控制燃油喷射、催化转换器、EGR、PCV和涡轮增压、中冷等技术，发动机的工况更加严苛，选用高质量级别的发动机油也可以延长发动机寿命，降低燃油消耗，减少磨损，延长换油周期，节省机油，节约维修费用及提高效率。高级别的发动机油可以替代低级别的，而低级别的发动机油不能用于高级别的发动机。

5 如何清洗润滑油道?

经常看到有人在柴油或机油里加入一部分柴油，清洗润滑油道。请问这种方法有效吗？会对发动机有影响吗？

用柴油清洗发动机润滑油道虽然能够去除发动机内的一些污垢，但在不拆检的情况下，对于一些长期形成的结胶和漆膜却不是短时间能够清洗干净的。由于柴油的黏度与发动机润滑油相比要小很多，又不含抗磨损的添加剂，在不拆检清洗的情况下会对发动机摩擦副造成磨损。另外，柴油的闪点有的仅在40～50℃，在清洗过程中也有一定的安全隐患。

有人在放掉旧机油后，采用在新机油里加入一部分柴油进行清洗，其目的是为了保证一定的黏度和闪点，减少风险。由于质量级别高的发动机油本身含有一定量清净分散污垢作用的添加剂，比只用柴油时的清洗效果更好。

应该避免单纯用柴油清洗发动机，如果在机油里加入一部分柴油进行清洗，必须牢记只能在短时间内进行；另外必须放净第一次的清洗油，然后用打算换上的新机油置换一遍，放净后再正式加入新机油。

6 如何确定换油周期?

因发动机设计各不相同，建议按车辆使用维修手册的规定确定换油周期。不同品牌的汽车，对于换油周期的规定，常有一些差异。决定换油周期的主要依据是：

①发动机所用燃料的种类；

②运转温度的高低；

③负荷情况；

④使用地区的道路和气候情况；

⑤发动机的技术情况。

7 不按期换油会有哪些问题？

不按期换油，会显著地降低机油对发动机的抗磨损等性能。机油中混杂了由于燃油燃烧而产生的油泥、积炭、水、酸性物质以及不完全燃烧产物，同时，机油中的添加剂也会随着使用不断消耗，影响机油的使用性能。及时更换机油不但可以排除里面的污染物，也可保证机油使用性能保持合理的水平。

8 延长换油周期的利弊

适当延长润滑油更换周期，可以降低润滑油用量、节省过滤器、降低生产成本、减少维护、减少废润滑油的排放、增加有效生产时间，从而可以大大提高经济效益。

延长润滑油更换周期当然有很多好处。但是，简单延长润滑油更换周期的做法往往会缩短机械的使用寿命。如果要最大限度地延长机械的使用寿命，而不是要最大限度地延长润滑油的使用寿命，那么，应该按照合理的换油周期（一般为OEM建议的更换周期）按时更换润滑油。

采取一些科学、预防性的措施就可以大大延长换油周期和设备寿命，最简单的措施之一就是进行油样分析。油样分析主要包括取样、油样分析、磨损分析。

根据油样分析结果，有以下作用：

①磨损监控：可以确定哪些部件发生了异常磨损，需要及时检修。

②按需换油、维修：减少因不必要换油和定时维修所带来的资金和人工的浪费。

③减少废弃物危害，降低排污成本：不适当的润滑油更换次数会带来一系列新的问题，如废润滑油的排放和排污问题等。因为如果不按合理的时间间隔更换润滑油和过滤器，那么废润滑油就变成了危险品。

④润滑油分析可以帮助用户确保机械在正常运行的条件下，确定哪种润滑油最好、最适用。一般来说，高等级、优质润滑油可适当延长换油周期。

9 观色识油质及时换油更轻松

发动机油在使用过程中机油的颜色会发生不同程度的变化，正常的颜色变化是机油使用一段时间后变黑或颜色与新机油的差别不大。除此之外出现其他颜色都是不正常的，出现异常情况时必须及时找出真正原因，以避免由于油品变质而引起的发动机损坏。

正常的机油颜色变化通常是黑色，为什么会出现这种情况呢？发动机在运转过程中，无论是汽油机还是柴油机，由于种种原因均会造成不完全燃烧。汽油中烯烃含量越高就越容易被氧化，而形成黑色油泥；空气滤清器过滤质量不好，大量的灰尘进入汽缸黏附在缸壁上后被活塞环刮到油底壳内与机油混合；发动机温度过高使机油氧化产生胶质、积炭；活塞环与缸壁间隙过大造成大量的高温气体窜入油底壳使机油氧化；发动机长时间超负荷大功率高温运转使机油氧化变黑；每次更换机油不清洗发动机或不更换机油滤芯，加入新机油后由于未放完的废机油污染新机油，还有新机油的清洗功能把发动机内原来存在的胶质、积炭、油泥等清洗下来后混入机油中使之发黑。柴机油容易变黑的主要原因是柴油燃烧产生的烟炱污染，同时与使用不合格的或低质量的柴油有关，因为柴油中含硫量较高，它氧化后与机油很容易产生黑色的胶质。

还有一些不正常的颜色，比如机油使用一段时间后颜色发灰或变白，变成这种颜色的主要原因是机油加注时或在使用过程中混入了水使机油发生乳化，这时机油部分或完全失去了原来的性能不能再继续使用。

10 换完机油别忘换了机油滤清器

机油在对发动机进行润滑的时候，要经过机油滤清器的过滤后才到达润滑部位，因为含有较多的机械杂质的机油会使发动机相互运动配合的部件发生异常的磨损，严重时，机油中大量的各种杂质未经过滤甚至会堵塞油道，从而产生机械故障。所以，机油滤清器使用性能的好坏直接影响着机油对发动机润滑的效果。

在每次更换机油时都必须更换质量合格的机油滤清器。纸质滤芯经过长时间使用后其过滤效能会下降，通过过滤器的机油压力即会大大降低。虽然油压降低到一定程度，滤清器旁通阀会打开，机油会通过旁路进入油路以防油压不足，但此时进入油路的机油未经过滤，会造成污染物进入油路中，加大机件磨损。及时更换质量优良的机油滤清器，机油中的杂质和污染颗粒，都会通过滤清器被过滤掉。这样，进入油路中的油就是非常洁净的，可以有效防止颗粒物对发动机件造成的磨料磨损。

另外，如果仅更换了新机油而不更换机油滤清器，那么旧滤清器内的旧油和1/4左右的污染物会重新进入机油中循环，不仅增加了磨损的机会，还降低了新机油的使用性能。

十二

润滑油的指标及使用意义

1 泡沫特性

润滑油的泡沫特性指在规定的条件下，润滑油生成泡沫的倾向及生成泡沫的稳定性，用以表示润滑油的抗泡沫性。润滑油在实际使用中，由于受到振荡、搅动等作用，使空气进入润滑油中，以至形成气泡。因此要求评定油品生成泡沫的倾向性和泡沫稳定性。

这个项目主要用于评定内燃机油和循环用油（如液压油、压缩机油等）的起泡性。

润滑油产生泡沫具有以下危害:

①破坏润滑油膜，增加磨损。

②大量而稳定的泡沫，会使体积增大，易使油品从油箱中溢出。

③增大润滑油的可压缩性，使油压降低。如液压油是靠静压力传递功的，油中一旦产生泡沫，就会使系统中的油压降低，从而破坏系统中传递功的作用。

④增大润滑油与空气接触面积，加速油品的老化。这个问题对空压机油来说，尤为严重。

⑤带有气泡的润滑油被压缩时，气泡一旦在高压下破裂，产生的能量会对金属表面产生冲击，使金属表面产生穴蚀。有些内燃机油的轴瓦就出现这种穴蚀现象。

润滑油容易受到配方中的极性物质如清净剂、极压添加剂和腐蚀抑制剂等的影响，这些添加剂大大地增加了油品的起泡倾向。润滑油的泡沫稳定性随黏度和表面张力而变化，泡沫的稳定性与油的黏度成反比，同时随着温度的上升，泡沫的稳定性下降，黏度较小的油形成大而容易消失的气泡，高黏度油中产生分散的和稳定的小气泡。为了消除润滑油中的泡沫，通常在润滑油中加入表面张力小的消泡剂如甲基硅油和非硅消泡剂等。

在我国，润滑油的泡沫特性可按GB/T 12579—2002《润滑油泡沫特性测定法》中规定的方法进行测试，先将第一份试样在24℃时，用恒定流速的空气吹气5min，然后静置10min。在每个周期结束时，分别测定试样中泡沫的体积。取第二份试样，在93.5℃下进行试验，当泡沫消失后，再在24℃下进行重复试验。

2 酸值

中和1g油品中的酸性物质所需要的氢氧化钾毫克数称为酸值，用mgKOH/g油表示。酸值表示润滑油品中酸性物质的总量，这些酸性物质对机械都有一定程度的腐蚀性，特别是在有水分存在的条件下，其腐蚀性更大。另外，润滑油在储存和使用过程中被氧化变质，酸值也会逐渐变大，因此常用酸值变化大小来衡量润滑油的氧化安定性。故酸值是油品质量中应严格控制的指标之一。对于在用油品，当酸值增大到一定数值时，就必须换掉。

测定酸值的方法分为电位滴定法，即根据电位变化来确定滴定终点，主要用于新油、在用油的酸值测定。这类方法有我国的GB/T 7304—2014和美国的ASTM D664等。

3 橡胶适应性

所有润滑系统和液压系统，特别是航空发动机润滑系统和液压系统，差不多所有的密封件和衬垫都是合成橡胶或天然橡胶制成的。因此要求润滑油和橡胶要有较好的适应性，避免引起橡胶密封件变形。润滑油与橡胶密封材料相容性差而导致的泄漏问题越来越得到大家的重视，越来越多的润滑油产品对橡胶相容性提出了要求。利用CEC-L-39-96方法研究常用基础油、黏度指数改进剂、清净剂、分散剂、抗氧剂等对润滑油相容性的影响。一般说来，烷烃对橡胶的溶胀或收缩作用不大；而芳烃则能使橡胶溶胀，含硫元素较多的油品则易使橡胶收缩；此外，许多合成润滑油对普通橡胶有较大的溶胀或收缩性，使用时应加以注意，选用特种橡胶（如硅橡胶、氟橡胶）作密封件。

液压油规格中所用的测定方法是SH/T 0305—1993《石油产品密封适应性指数测定法》，用于测定石油产品和丁腈橡胶密封材料的适应性，用体积膨胀百分数表示。方法是用量规测定橡胶圈的内径，然后将橡胶圈浸在100℃的试样中24h，在1h内将橡胶圈冷却后，用量规测量内径的变化。

SH/T 0436—1992《合成航空润滑油与橡胶的相容性试验方法》，是将规定的丁腈标准橡胶BD-L、BD-G及氟标准橡胶BF等标准试片，浸泡在一定温度的合成润滑油中在规定的时间后测定橡胶试片浸泡前后的性能变化（体积变化、拉伸应力应变性能变化和硬度变化）。

汽车制动液的橡胶相容性能是制动液的一项重要指标，GB 12981—2012《机动车辆制动液》中规定了制动液与橡胶皮碗适应性检验方法，将标准橡胶件（汽车制动系统用分泵皮碗）浸入制动液中，在规定温度（70℃和120℃）下保持70h，对皮碗的外观、根部直径增值、硬度下降值等进行测定。

4 水分

润滑油中含水量的质量分数称为水分，水分测定按GB/T 260《石油产品水分测定法》执行。

润滑油中的水分一般呈三种状态：游离水、乳化水和溶解水。一般来说，游离水比较容易脱去，而乳化水和溶解水就不易脱去。

润滑油中水分的存在，会促使油品氧化变质，破坏润滑油形成的油膜，使润滑油效果变差，加速有机酸对金属的腐蚀作用，锈蚀设备，使油品容易产生沉渣，而且会使添加剂（尤其是金属盐类）发生水解反应而失效，产生沉淀，堵塞油路，妨碍润滑油的循环和供应。不仅如此，润滑油的水分，在使用温度低时，由于接近冰点使润滑油流动性变差，黏温性变坏；而使用温度高时，水会汽化，不但破坏油膜而且产生气阻，影响润滑油的循环。另外，在个别油品例如变压器油中，水分的存在会使油品的击穿电压降低，以至引起事故。

总之，润滑油中水分越少越好，因此，用户在使用、储存中应精心保管油品，注意使用前及使用中的油料脱水。

检查润滑油中是否有水，有几个简单方法：

①用试管取一定量的润滑油，如发现油变浑浊甚至乳化，由透明变为不透明，可认为油中有水分，将试管加热，如出现气雾或在管壁上出现气泡、水珠或有“劈啪”的响声，可认为油中有水分。

②取一条细铜线，绕成线圈，在火上烧红，然后放入装有试油的试管中，如有“劈啪”响声，认为油中有水分。

③用试管取一定量的润滑油，将少量硫酸铜（无水，白色粉末）放入油中，如硫酸铜变为蓝色，也表示润滑油中有水分。

④取少量润滑油，置于香烟锡箔上，用打火机在背面加热，如有“劈啪”响声，认为油中有水分。加热后，油品不透明变为透明，说明油品被水分污染。

在实际应用中，已经开启的200L或18L中桶内燃机油，假如密封不良，即使在室内或车内存放数十天，可能出现桶底部乳化或明水现象，这是由于内燃机油中加入大量清净分散剂吸水的缘故，越高档的油品，这种现象越明显。

GB/T 260《石油产品水含量的测定 蒸馏法》的测定原理是利用蒸馏的原理，将一定量的试样和无水溶剂混合，在规定的仪器中进行蒸馏，溶剂和水一起蒸发出并冷凝在一个接收器中不断分离，由于水的密度比溶剂大，水便沉淀在接收器的下部，溶剂返回蒸馏瓶进行回流。根据试样的用量和蒸发出水分的体积，计算出测定结果。当水的质量分数少于0.03%时，认为是痕迹；如果接收器中没有水，则认为试样无水。

5 凝点或倾点

润滑油试样在规定的试验条件下冷却至停止流动时的最高温度称为凝点。

而试样在规定的试验条件下，被冷却的试样能够流动的最低温度称为倾点。

凝点和倾点都是表示油品低温流动性的指标，二者无原则差别，只是测定方法有所不同。同一试样测得的凝点和倾点并不是完全相等，一般倾点都高于凝点2～3℃，但也有两者相等或倾点低于凝点的情况。国外常用倾点（流动点），我国也一般采用倾点这个标准。

润滑油在温度很低时，黏度变大，甚至变成无定形的玻璃状物质，失去流动性。因此在生产、运输和使用润滑油时因根据环境条件和工况选用相适应的倾点（或倾点）。

（1）润滑油凝点测定法（GB/T 510—2018）试验的基本过程

将试样装入试管中，按规定的预处理步骤和冷却速度进行试验。当试样温度冷却到预期的凝点时，将浸在冷剂中的仪器倾斜45℃保持1min后，取出观察试管里面的液面是否有过移动的迹象。如有移动，从套管中取出试管，并将试管重新预热，然后用比上次试验温度低4℃或其他更低的温度重新进行测定，直至某试验温度时液面位置停止移动为止。如没有移动，从套管中取出试管，并将试管重新预热，然后用比上次试验温度高4℃或其他更高的温度重新进行测定，直至某试验温度时液面位置有了移动为止。找出凝点的温度范围（即液面位置从移动到不移动或从不移动到移动的温度范围）之后，采用比移动的温度低2℃或采用比不移动的温度高2℃，重新进行试验，直至确定某试验温度能使试样的液面停留不动而提高2℃又能使液面移动时，就取使液面不动的温度作为试样的凝点。

（2）润滑油倾点测定法（GB/T 3535—2006）试验的基本过程

将清洁的试样注入试管中，按方法所规定的步骤进行试验。对倾点高于33℃的试样，试验从高于预期的倾点9℃开始，对其他的倾点试样则从高于其倾点12℃开始。每当温度计读数为3℃的倍数时，要小心地把试管从套管中取出，倾斜试管到刚好能观察到试管内试样是否流动，取出试管到放回试管的全部操作要求不超过3s。当倾斜试管，发现试样不流动时，就立即将试管放在水平位置上，仔细观察试样的表面，如果在5s内还有流动，则立即将试管放回套管，待温度降低3℃时，重复进行流动试验，直到试管保持水平位置5s而试样无流动时，纪录观察到的试验温度计读数，再加3℃作为试样的倾点。

6 颜色

颜色的意义：油品的颜色，可以反映其精制程度和稳定性。精制的基础油，油中的氧化物和硫化物脱除干净，颜色较浅。但即使精制的条件相同，不同油源和类属的原油所生产的基础油，其颜色和透明度也可能是不相同的。在基础油中使用添加剂后，颜色也会发生变化，颜色不能作为判断油品精制程度高低的关键指标。

对于在用或储运过程中的油品，通过比较其颜色测定结果，可以大致地估量其氧化、变质和受污染的情况。如颜色变深，除了受深色油污染的可能外，则表明油品氧化变质，因为胶质有很强的着色力，重芳烃液有较深的颜色；假如颜色变成乳浊，则油品中有水或气泡的存在。

实际上，只要油品的其他指标合乎要求，油品的颜色深浅对油的润滑效果是没有影响的。

颜色的测定：润滑油的颜色，除用视觉直接观察（即目测）外，在试验室中的测定方法我国采用GB/T 6540—1986《石油产品颜色测定法》（与ASTM D1500—1982石油产品颜色的测定法等效）和SH/T 0168—1992《石油产品色度测定法》。

GB/T 6540测定法是用带有玻璃颜色标准板的比色仪进行测定，属目测比色法。适用于各种润滑油、煤油、柴油和石油蜡等石油产品。

其测定原理是，将试样注入比色管内，开启一个标准光源，旋转标准色盘转动手轮，同时从观察目镜中观察比较，以相等的色号作为该试样的色号。如果试样颜色找不到确切匹配的颜色，而落在两个标准颜色之间则报告两个颜色中较高的一个颜色，并在该色号前面加上“小于”两字。

玻璃颜色标准共分16个色号，从0.5到8.0值排列，色号越大，表示颜色越深。

如果试样的颜色深于8号标准颜色，则将15份试样（按体积）加入85份体积的稀释剂混合后，测定混合物的颜色，并在该色号后面加入“稀释”两字。

SH/T 0168方法的测定原理与GB/T 6540基本相同，其不同点主要是SH/T 0168标准玻璃色片分为25种色号，而GB/T 6540则仅分为16种色号。

7 水溶性酸碱

用一定体积的中性的蒸馏水和润滑油在一定温度下相混合、振荡，使蒸馏水将润滑油中的水溶性酸和碱抽出来，然后测定蒸馏水溶液的酸性和碱性，称为润滑油的水溶性酸和碱，按GB/T 259标准方法进行测定。

润滑油的水溶性酸是润滑油中溶于水的低分子有机酸和无机酸（硫酸及其衍生物如磺酸及酸性硫酸酯等）。润滑油中的水溶性碱，是指润滑油中溶于水的碱和碱性化合物，如氢氧化钠及碳酸钠等。新油中如有水溶性酸或碱，则可能是润滑油精制过程中酸碱分离不好的结果；储存和使用过程中的润滑油如含有水溶性酸或碱，则表明润滑油被污染或氧化分解，因此，润滑油的水溶性酸和碱也是一项质量指标。润滑油的水溶性酸和碱不合格，将腐蚀机械设备。对于汽轮机油，水溶性酸和碱的存在，会使汽轮机油的抗乳化度降低。对于变压器油，水溶性酸碱不合格时，不仅会腐蚀设备，而且会使变压器的耐电压下降。

8 总碱值

在规定的条件下滴定时，中和1g试样中全部碱性组分所需高氯酸的量，以当量氢氧化钾毫克数表示，称为润滑油或添加剂的总碱值。总碱值表示试样中含有有机和无机碱、胺基化合物、弱酸盐如皂类、多元酸的碱性盐和重金属的盐类。内燃机油的总碱值则可间接表示其所含清净分散剂的多少。因而总碱值为内燃机油的重要质量指标。在内燃机油的使用过程中，分析其总碱值的变化，可以反映出润滑油中添加剂的消耗情况。

石油产品总碱值测定可按SH/T 0251—1993标准方法进行。该方法是以石油醚－冰乙酸为溶剂，用0.1mol/L高氯酸标准溶液进行非水滴定来测定石油产品和添加剂中碱性组分的含量。

9 黏度指数

润滑油的黏度随温度的变化而变化：温度升高，黏度减小；温度降低，黏度增大。这种黏度随温度变化的性质，叫作黏温性能。黏度指数（VI）是表示油品黏温性能的一个约定量值。黏度指数高，表示油品的黏度随温度变化小，油的黏温性能好。反之亦然。

石油产品的黏度指数可通过计算得到。计算方法在我国的GB/T 1995或美国的ASTM D2270、德国的DIN 51564、ISO 2902、日本的JIS K2284等标准中有详细的说明。

黏温性能对润滑油的使用有重要意义，如发动机润滑油的黏温性能不好，当温度低时黏度过大，就会启动困难，而且启动后润滑油不易流到摩擦表面上，造成机械零件的磨损。如果温度过高，黏度变小，则不易在摩擦表面上产生适当的油膜，失去润滑作用，使机械零件的摩擦面产生擦伤和胶合等故障。

10 黏度

物质流动时内摩擦力的量度叫黏度，黏度值随温度的升高而降低。它是润滑油的主要技术指标，绝大多数润滑油是根据其黏度来划分牌号的，黏度是各种设备选油的主要依据。黏度的度量方法分为绝对黏度和相对黏度两大类。绝对黏度分为动力黏度、运动黏度两种；相对黏度有恩氏黏度、赛氏黏度和雷氏黏度等几种表示方法。

我国常用运动黏度和动力黏度表示油品的黏度。测定运动黏度的标准方法为GB/T 265，即一定体积的液体在重力下流过一个标定好的玻璃毛细管的时间。黏度计的毛细管常数与流动时间的乘积就是该温度下液体的运动黏度。国外相应测定油品运动黏度的标准方法主要有美国的ASTM D445、德国的DIN 51562和日本的JIS K2283等。

某些油品，如液力传动液、车用齿轮油等低温黏度通常用布氏黏度计法来测定，如我国的GB/T 11145、美国的ASTM D2983和德国的DIN 51398等标准方法。

黏度是评定润滑油质量的一项重要的理化性能指标，对于生产，运输和使用都具有重要意义。在实际应用中，选择合适黏度的润滑油品，可以保证机械设备正常、可靠地工作。通常，低速高负荷的应用场合，选用黏度较大的油品，以保证足够的油膜厚度和正常润滑；高速低负荷的应用场合，选用黏度较小的油品，以保证机械设备正常的启动和运转力矩，运行中温升小。

11 闪点

在规定条件下，加热油品所逸出的蒸气和空气组成的混合物与火焰接触发生瞬间闪火时的最低温度称为闪点，以℃表示。

润滑油闪点的高低，取决于润滑油组分质量的轻重，或润滑油中是否混入轻质组分和轻质组分的含量多少，轻质润滑油或含轻质组分多的润滑油，其闪点就较低。相反，重质润滑油的闪点或含轻质组分少的润滑油，其闪点就较高。

润滑油的闪点是润滑油的储存、运输和使用的一个安全指标，同时也是润滑油的挥发性指标。闪点低的润滑油，挥发性高，容易着火，安全性差，润滑油挥发性高，在工作过程中容易蒸发损失，严重时甚至引起润滑油黏度增大，影响润滑油的使用。重质润滑油的闪点如突然降低，可能发生轻油混入事故。

从安全角度考虑，石油产品的安全性是根据其闪点的高低而分类的：闪点在45℃以下的为易燃品，闪点在45℃以上的产品为可燃品。

闪点的测定方法分为开口杯法和闭口杯法。开口杯法用以测定重质润滑油和深色润滑油的闪点，参照GB/T 3536—2008。闭口杯法用以测定闪点在150℃以下的轻质润滑油的闪点，参照GB/T 261—2008。同一种润滑油，开口闪点总比闭口闪点高，因为开口闪点测定器所产生的油蒸气能自由地扩散到空气中，相对不易达到可闪火的温度。通常开口闪点要比闭口闪点高20～30℃。

国外测定润滑油闪点（开口）的标准有美国的ASTM D92、德国的

DIN 51376和日本的JIS K2274等，闭口闪点有ASTM D93、DIN 51758和JIS K2265等。

12 密度及相对密度

密度是指在规定温度下，单位体积所含物质的质量。20℃时的密度ρ_{20}被规定为石油产品的标准密度。

相对密度，是指物质在给定温度下的密度与参考温度下纯水的密度之比值，用d表示。我国常用的相对密度是d_{20}，表示油品在20℃时的密度和水在4℃时的密度之比。

石油产品的密度是随其组成中含碳、氧、硫量的增加而增大的，因而含芳烃多的、含胶质和沥青质多的密度很大，而含环烷烃多的居中，含烷烃多的最小。因此，根据石油产品的密度（或相对密度），在某种程度上可以判断油品的类型和成分。

通常，石油产品的密度由密度计法或比重瓶法测定。我国采用的方法标准分别为GB/T 1884—2000《石油和石油产品密度测定法（密度计法）》和GB/T 2540—81《石油产品密度测定法（比重瓶法）》。美国和德国分别使用ASTM D1298、DIN 51757和JIS K2249标准方法。

13 灰分

在规定条件下，油品完全燃烧后剩下的残留物（不燃物）叫作灰分，以质量分数表示。灰分主要是润滑油完全燃烧后生成的金属盐类和金属氧化物所组成。通常基础油的灰分含量都很小。在润滑油中加入某些高灰分添加剂后，油品的灰分含量就会增大。

发动机燃料中灰分增加，会增加汽缸体的磨损。润滑油灰分过大，容易在机件上发生坚硬的积炭，造成机械零件的磨损。

我国使用GB/T 508—1985《石油产品灰分测定法》和GB/T 2433—2001《添加剂和含添加剂润滑油硫酸盐灰分测定法》测定润滑油等石油产品的灰分。同GB/T 508方法相当的国外标准方法主要有美国的ASTM D482等。

对添加剂、含添加剂的润滑油的灰分一般采用GB/T 2433标准方法测定，其测定结果称之为硫酸盐灰分。国外相应的标准有美国的ASTM D874和德国的DIN 51575等。

14 残炭

在规定条件下，油品在进行蒸发和裂解期间所形成的残留物叫残炭，以质量分数表示。残炭是表明润滑油中胶状物质和不稳定化合物含量的间接指标，也是矿物润滑油基础油的精制深浅程度的标志，润滑油中含硫、氧和氮化合物较多时，残炭就高。一般精制深的油品残炭小。对于一般的润滑油来说，残炭没有单独的使用意义，但对内燃机油和压缩机油，残炭值是影响积炭倾向的主要因素之一，油品的残炭值越高，其积炭倾向越大，在压缩机汽缸、胀圈和排气阀座上的积炭就多，在高温下容易发生爆炸。

添加剂含量高的油品是控制其基础油的残炭，而不控制成品油的残炭。

残炭测定法有电炉法和康氏法两种，通常多采用后者。我国标准是GB/T 268—1987《石油产品残炭测定法（康氏法）》。国外测定石油产品残炭的标准主要有美国ASTM D189和德国DIN 51551等。

15 氧化安定性

石油产品抵抗由于空气（或氧气）的作用而引起其性质发生永久性改变的能力，叫作油品的氧化安定性。润滑油的抗氧化安定性是反映润滑油在实际使用、储存和运输中氧化变质或老化倾向的重要特性。

油品在储存和使用过程中，经常与空气接触而起氧化作用，温度的升高和金属的催化会加深油品的氧化。润滑油品氧化的结果，使油品颜色变深，黏度增大，酸性物质增多，并产生沉淀。这些无疑对润滑油的使用会带来一系列不良影响，如腐蚀金属，堵塞油路等。对内燃机油来说，还会在活塞表面生成漆膜，黏结活塞环，导致汽缸的磨损或活塞的损坏。因此，这个项目是润滑油品必控质量指标之一，对长期循环使用的汽轮机油、变压器油、内燃机油以及与大量压缩空气接触的空气压缩机油等，更具重要意义。通常油品中均加有一定数量的抗氧剂，以增加其抗氧化能力，延长使用寿命。

润滑油氧化安定性测定方法有多种，其原理基本相同，一般都是向试样中直接通入氧气或净化干燥的空气。在金属等催化剂的作用下，在规定温度下经历规定的时间观察试样的沉淀或测定沉淀值、试样的酸值、黏度等指标的变化。试验条件因油品而异，氧化设备也因油品而不同，尽量模拟油品使用的状况。我国对航空涡轮发动机润滑油的抗氧化安定性按GJB 499和SH/T 0450两种方法进行氧化试验，前者称为大氧化管法，后者称为小氧化管法；对内燃机油的测定方法按SH/T 0299和SH/T 0192标准进行；汽轮机油按SH/T 0193—2008《旋转氧弹法》来测定其抗氧化性能；变压器油的氧化特性按SH/T 0206—1992即国际电工委员会标准IEC74-1974方法进行；中高档润滑油氧化安定性测定主要按GB/T 12581《加抑制剂矿物油氧化特性测定法》、GB/T 12709—1991《润滑油老化特性测定法（康氏残炭法）》、SH/T 0123—1993《极压润滑油氧化安定性测定法》进行。

16 抗乳化性

乳化是一种液体在另一种液体中紧密分散形成乳状液的现象，它是两种液体的混合而并非相互溶解。

抗乳化则是从乳状物质中把两种液体分离开的过程。润滑油的抗乳化性是指油品遇水不乳化，或虽是乳化但经过静置，油、水能迅速分离的性能。

两种液体能否形成稳定的乳状液取决于两种液体之间的界面张力。由于界面张力的存在，分散相总是倾向于缩小两种液体之间的接触面积以降低系统的表面能，即分散相总是倾向于由小液滴合并大液滴以减少液滴的总面积，乳化状态也就是随之而被破坏。界面张力越大，这一倾向就越强烈，也就越不易形成稳定的乳状液。

润滑油与水之间的界面张力随润滑油的组成不同而不同。深度精制的基础油以及某些成品油与水之间的界面张力相当大，因此，不会生成稳定的乳状液。但是如果润滑油基础油的精制深度不够，其抗乳化性也就较差，尤其是当润滑油中含有一些表面活性物质时，如清净分散剂、油性剂、极压剂、胶质、沥青质及尘土粒等，它们都是一些亲油剂和亲水基物质，它们吸附在油水表面上，使油品与水之间的界面张力降低，形成稳定的乳状液。因此在选用这些添加剂时必须对其性能作用做全面的考虑，以取得最佳的综合平衡。

对于用于循环系统中的工业润滑油，如液压油、齿轮油、汽轮机油、油膜轴承油等，在使用中不可避免地和冷却水或蒸汽甚至乳化液等接触，这就要求这些油品在油箱中能迅速油、水分离（按油箱容量，一般要求6～30min分离），从油箱底部排出混入的水分，便于油品的循环使用，并保持良好的润滑。通常润滑油在60℃左右有空气存在并与水混合搅拌的情况下，不仅易发生氧化和乳化而降低润滑性能，而且还会生成可溶性油泥，受热作用则生成不溶性油泥，并剧烈增加流体黏度，造成堵塞润滑系统、发生机械故障。因此，一定要处理好基础油的精制深度和所用添加剂与其抗乳化剂的关系，在调和、使用、保管和储运过程中亦要避免杂质的混入和污染，否则若形成了乳化液，则不仅会降低润滑性能，损坏机件，而且易形成油泥。另外，随着时间的增长，油品的氧化、酸性的增加、杂质的混入都会使抗乳化性变差，用户必须及时处理或者更换。

目前被广泛采用的抗乳化性测定方法有两个：

①GB/T 7305—2003《石油和合成液水分离性测定》，参照ASTM D1401等效，本标准适用于测定石油和合成液的水分离性，用于测定40℃运动黏度为28.8～90mm^2/s的油品，试验温度为（54±1）℃；也可用于测定40℃运动黏度超过90mm^2/s的油品，但试验温度为（82±1）℃。

②GB/T 8022—2019《润滑油抗乳化性能测定法》，适用于测定高、中黏度润滑油的油和水互相分离能力。

17 蒸发损失

油品的蒸发损失，即油品在一定条件下通过蒸发而损失的量，用质量分数表示。蒸发损失与油品的挥发度成正比。蒸发损失越大，实际应用中的油耗就越大，故对油品在一定条件下的蒸发损失量要有限制。润滑油在使用过程中蒸发，造成润滑系统中润滑油量逐渐减少，黏度增大，影响供油。液压液体在使用中蒸发，还会产生气穴现象和效率下降，可能给液压泵造成损害。蒸馏方法得到的数据只是粗略的结果，润滑油品的蒸发损失需专门方法测定。目前，我国测定润滑油蒸发损失的方法为NB/SH/T 0059—2010《润滑油蒸发损失诺亚克法》。目前，该方法在我国主要用于发动机油的蒸发损失评定。国外主要的测定方法有美国的ASTM D5800、欧洲CEC L-040-93等。

18 防腐蚀性

金属表面受周围介质的化学或电化学的作用而被破坏称为金属的腐蚀。润滑油的各类烃本身对金属是没有腐蚀作用的，引起油品对金属腐蚀的主要物质是油中的活性硫化物（如元素硫、硫醇、硫化氢和二硫化物等。注意，不是所有的含硫化合物均是腐蚀性物质）和低分子有机酸类，以及基础油中一些无机酸和碱等。这些腐蚀性物质又可能是基础油和添加剂生产过程中所残留的，也有可能源于油品的氧化产物或油品储运和使用过程中的污染。

腐蚀性测定法：

①GB/T 5096—2017《石油产品铜片腐蚀试验》，这是目前工业润滑油最主要的腐蚀性测定法，本方法与ASTM D130方法等效。试验方法概要是：把一块已磨光好的铜片浸没在一定量的试样中，并按产品标准要求加热到指定的温度，保持一定的时间。待试验周期结束时，取出铜片，在洗涤后与标准色板进行比较，确定腐蚀级别。工业润滑油常用的试验条件为100℃（或120℃），3h。

②SH/T 0195—1992《润滑油腐蚀试验方法》，本方法用于试验润滑油对金属片的腐蚀性。除非另行规定，金属片材料为铜或钢。其试验原理与GB/T 5096方法基本相同，其主要的差别在于：a. 试验结果只根据试片的颜色变化，判断合格或不合格；b. 试验金属片不限于铜片。

③GB/T 391—1977《发动机润滑油腐蚀度测定法》，测定内燃机油对轴瓦（铅铜合金等）的腐蚀度。该方法是模拟黏附在金属片表面上的热润滑油薄膜与周围空气中氧定期接触时，所引起的金属腐蚀现象。铅片在热到140℃的试油中，经50h的试验后，依金属片的质量变化确定油的腐蚀程度，以g/cm^3表示。

④汽车制动液对金属的腐蚀性，除了应按GB/T 5096进行100℃、3h的铜腐蚀试验外，还须进行叠片腐蚀试验，用马口铁、10号钢、LY12铝、HT200铸铁、H62黄铜、T2紫铜等6种金属试片按一定顺序联接在一起，在100℃下试验120h，试验结束后测定试片的质量变化。

19 防锈性能

所谓防锈性，是指润滑油品阻止与其接触的金属部件生锈的能力。评定防锈性的方法很多，在工业润滑油规格中最常见的方法是GB/T 11143—2008《加抑制剂矿物油在水存在下防锈性能试验法》，该方法与ASTM D665方法等效。

GB/T 11143方法概要：将一支一端呈圆锥形的标准钢棒浸入300mL试油与30mL（A）蒸馏水或（B）合成海水混合液中，在60℃和以1000r/min搅拌的条件下，经过24h后将钢棒取出，用石油醚冲洗，晾干，并立即在正常光线下用目测评定试棒的锈蚀程度。

锈蚀程度分如下几级：

无锈：钢棒上没有锈斑。

轻微锈蚀：钢棒上锈点不多于6个点，每个点的直径等于或小于1mm。

中等锈蚀：锈蚀点超过6点，但小于试验钢棒表面积的5%。

严重锈蚀：生锈面积大于5%。

水和氧的存在是生锈不可缺少的条件。汽车齿轮中，由于空气中湿气在齿轮箱中冷凝而有水存在，工业润滑装置如齿轮装置、液压系统和涡轮装置等由于使用环境的关系，也不可避免地有水浸入。其次，油中酸性物质的存在也会促进锈蚀，为提高油品的防锈性能，常常加入一些极性有机物，即防锈剂。

20 机械杂质

机械杂质就是指存在于润滑油中不溶于汽油、乙醇和苯等溶剂的沉淀物或胶状悬浮物。机械杂质来源于润滑油的生产、储存和使用中的外界污染或机械本身磨损，大部分是砂石和积炭类，以及由添加剂带来的一些难溶于溶剂的有机金属盐。

机械杂质和水分、灰分、残炭都是反映油品纯洁性的质量指标，反映油品精制的程度。一般来讲润滑油基础油的机械杂质的质量分数都应该控制在0.005%以下（机械杂质在此以下认为是无），加剂后成品油的机械杂质一般都是增大，这是正常的。对用户来讲，测定机械杂质也是必要的，因为润滑油在使用、存储、运输中混入灰尘、泥沙、金属碎屑、铁锈及金属氧化物等，这些杂质的存在，将加速机械设备的磨损，严重时堵塞油路、油嘴和滤油器，破坏正常润滑。另外金属碎屑在一定的温度下，对油起催化作用，应该进行必要的过滤。但是，对于一些加有大量添加剂油品的用户来讲，机械杂质的指标表面上看是大了一些（如一些高档的内燃机油），但其杂质主要是加入了多种添加剂后所引入的溶剂不溶物，这些胶状的金属有机物，并不影响使用效果，用户不应简单地用“机械杂质”的大小去判断油品的好坏，而是应分析“机械杂质”的内容，否则，就会带来不必要的损失和浪费。

21 质谱分析

当气体分子或固体、液体的蒸气受到一定能量的电子轰击后，丢失一个价电子而形成带正电荷的离子即分子离子。在电子轰击下，分子离子可进一步裂解为碎片离子，这些带电荷的离子在电场和磁场作用下按质荷比大小分开，排列成谱即为质谱。质谱分析的特点是快速、灵敏，只需微量样品。根据质谱图上各峰的质荷比和相对强度可以精确测定化合物的相对分子质量，推测有机化合物的结构以及测定混合物中个组分的含量。但对高聚物的分析，质谱还有困难。

22 荧光X射线

用X射线照射物质时，除发生散射现象和吸收现象外，还能产生次级X射线，即荧光X射线，荧光X射线的波长只取决于物质中原子的种类，因此根据荧光X射线的波长可以确定物质的元素组成。根据该波长的荧光X射线的强度可进行定量分析。荧光X射线能分析的元素范围广，除少量轻元素外，周期表中几乎所有元素都可以用X射线荧光分析法进行测定。荧光X射线谱线简单，干扰少，分析简便。分析的浓度范围也较宽，从常量组分到痕量杂质都能测定。分析试样不受破坏，且具有分析迅速、准确等诸多优点。

运用荧光X射线法可测定润滑脂的填料、稠化剂等无机化合物的结构，石墨、二硫化钼、氧化锌、氧化铅、二氧化钛等易于用此法进行鉴定。

23 原子吸收光谱

原子吸收光谱是基于光源辐射出待测元素的特征光波，通过样品的蒸气时，被蒸气中待测元素的基态原子所吸收，根据辐射光波强度减弱的程度，求出样品中待测元素的含量，原子吸收光谱广泛用于润滑油脂中微量金属元素的定量分析。对用过的油及磨损金属的测定，原子吸收光谱也是一种非常有效的方法。此法的优点是试样用量极微，和发射光谱一样，定量时受到元素干扰很小，并且快速、灵敏、精确。

24 原子发射光谱

原子发射光谱主要根据物质原子在电弧等激发下，从基态跃迁到高能态，当由高能量的激发态回到基态时，放出具有一定能量的光，这些光经分光系统分光（色散）、记录得到光谱图，根据光谱的谱线位置和强度对欲分析的样品中各元素进行定性或定量分析。润滑油脂中的稠化剂、添加剂所含的金属及磷、硼、硅等元素的定性分析主要是借助于发射光谱。借助于等离子体发射光谱还可进行准确的定量分析。发射光谱的主要优点是油样无需处理，分析速度快，在不到1min的时间内便可测定一个油样中几个及到数十种元素的含量值，读数准确，重复性好，分析容量大。用于润滑油生产，可以检测产品的加剂准确程度，保证产品质量。用于在用润滑油的品质及设备运转状态的评价，可以检测在用油品的添加剂元素变化、受污染程度及设备摩擦副的磨损情况。缺点是价格较贵，生产现场难以推广，不能获得磨屑存在形式（如形态，大小等），故在判断磨损类型和预报灾变发生的能力方面存在不足。

对测定磨损和油品污染很有价值。如果油品本身不含铁、铬、镍等，而用过的油中又测出有这些金属，则表明有磨损；在未加硅油、硅胶及黏土稠化剂等情况下，测出有硅则表明油品受到了尘埃的污染。

25 核磁共振

核磁共振就是根据共振峰的位置和强度的不同对有机化合物进行定性、定量分析。当核磁共振波谱法与元素分析、紫外光分光光度分析法、红外吸收光谱法、质谱法等配合使用时，可以测定有机化合物的结构，检测化合物的纯度。在润滑油脂的分析中，核磁共振是分析基础油、添加剂的有力工具。此外，在润滑油脂的研究和生产过程中，核磁共振常被用于分析原料和产物的纯度，为研制提供参考信息。

26 红外光谱

红外光谱主要是基于物质分子吸收从红外光源发出的具有一定能量的红外光而引起物质分子振动能级的跃迁，从而在红外光谱中呈现出一系列的红外吸收谱带进行分析的。润滑油脂中所含有的基础油、添加剂及稠化剂具有特定的分子结构，因而它们具有特征的红外光谱吸收带，若分离得到的油品组分的红外光谱图与标准谱图完全一致，即可确定组分结构。有些物质由于没有标准图可供参照，就必须结合元素分析等手段推测化合物的可能结构，最后以新合成的物质（或买来的实物）的谱图来验证推测的结构正确与否，红外光谱分析样品用量少，分析速度快，是物质结构分析中最常用的方法之一。

27 常见模拟试验

（1）四球试验机模拟试验

测定润滑油脂的减摩性、抗磨性和极压性。减摩性用摩擦系数f表示；抗磨性用磨痕直径d表示；极压性用最大无卡咬负荷P_B和烧结负荷P_D表示。国内标准试验方法有GB/T 12583—1998《润滑剂承载能力测定法》、NB/SH/T 0189—2017《润滑油磨损性能测定法》、SH/T 0202—1992《润滑脂四球机极压性测定法》、SH/T 0204—1992《润滑脂抗磨性能测定法》。国外标准试验方法有ASTM D2783《润滑油极压性测定法》、ASTM D4172《润滑油抗磨性测定法》、ASTM D2596《润滑脂极压性测定法》、ASTM D2266《润滑脂抗磨性测定法》。

（2）梯姆肯（Timken）试验机模拟试验

评定润滑油脂的抗擦伤能力，用OK值作为评定指标。中国标准试验方法有GB/T11144—89《润滑油脂极压性测定法》。国外标准试验方法有美国ASTM D2782《润滑油极压性测定法》、ASTM D2509《润滑脂极压性测定法》。

（3）法莱克斯（Falex）试验机模拟试验

评定润滑剂的极压性和抗磨性，以试验失效（发生卡咬）时的负荷作为评定指标。中国标准试验方法有SH/T 0187《润滑油极压性测定法》、SH/T 0188《润滑油抗磨损性能测定法（法莱克斯轴和V形块）》。国外标准试验方法有ASTM D4007测定液体润滑剂极压性标准方法（O型）、ASTM D2670和D2714测定液体润滑剂磨损特性标准方法（I型）。

（4）成焦板试验

用加热的润滑油与高温（310～320℃）铝板短暂接触而结焦的倾向来评定润滑油的热安定性。此方法与Caterpillar 1H2和1G2发动机试验有一定的相关性。中国标准试验方法有SH/T 0300—1992《曲轴箱模拟试验方法》。国外标准试验方法有美国FTM 3462《成焦板试验（QZX法）》。

（5）低温动力黏度测定法

用来测定发动机油在高剪切速率下、-35～-5℃时的低温黏度。所得结果与发动机的启动性有关。中国标准试验方法有GB/T 6538—2000《发动机油表观黏度测定法（冷启动模拟机法）》。国外标准试验方法有美国ASTM D2602《发动机润滑油低温下表观黏度测定法（CCS）》。

（6）低温泵送性测定法

用来预测发动机油在低剪切速率下、-40～0℃范围内的边界泵送温度。中国标准试验方法有GB/T 9171—1998《发动机油边界泵送温度测定法》、NB/SH/T 0562—2013《低温下发动机油屈服应力和表观黏度测定法》。国外标准试验方法有美国ASTM D3830《发动机润滑油边界泵送温度测定法（MRV）》。

（7）剪切安定性测定法

以油品的黏度下降率来评定其剪切安定性。中国标准试验方法有SH/T 0505《含聚合物油剪切安定性测定法（超声波剪切法）》、SH/T 0103《含聚合物油剪切安定性的测定　柴油喷嘴法》、SH/T 0200《含聚合物润滑油剪切安定性测定法（齿轮机法）》、NB/SH/T 0845《传动润滑剂黏度剪切安定性的测定　圆锥滚子轴承试验机法》。国外标准试验方法有美国ASTM D2603《含聚合物润滑油超声剪切稳定性试验法》、ASTM D6268《使用欧洲柴油喷射装置的含聚合物流体剪切稳定性的标准试验方法》。

（8）FZG齿轮试验

用于测定钢对钢直齿轮用润滑剂的相对承载能力，以载荷级来表示。中国标准试验方法有NB/SH/T 0306《润滑油承载能力测定法（CL-100齿轮机法）》。国外标准试验方法有欧洲CEC L-07-A-71、英国IP 334和德国DIN

51354等。

（9）轮轴承润滑脂漏失量试验

测定轴承中润滑脂的漏失量，模拟润滑脂在汽车轮轴承中的工作性能。中国标准试验方法有SH/T 0326《润滑脂轴承漏失量试验方法》。国外标准试验方法有美国ASTM D1263《汽车轮轴承润滑脂漏失量测定法》。

（10）润滑脂滚筒试验机模拟试验

测定在滚筒试验机中润滑脂的机械安定性。中国标准试验方法有SH/T 0122《润滑脂滚筒安定性测定法》。国外标准试验方法有美国ASTM D1831《润滑脂滚筒安定性测定法》。

（11）高温轴承试验

评定在高温、高转速条件下润滑脂在轻负荷抗磨轴承中的工作性能，最高适用温度为180℃。中国标准试验方法有SH/T 0428《高温下润滑脂在抗磨轴承中工作性能测定法》。国外标准试验方法有美国FS 791B331.2《高温下润滑脂在抗磨轴承中工作性能测定法》。

（12）润滑脂齿轮试验

测定润滑脂的齿轮磨损值，用以表示润滑脂的相对润滑性能。中国标准试验方法有SH/T 0427《润滑脂齿轮磨损测定法》。国外标准试验方法有美国FS 791 B335.2《齿轮磨损测定法》。

28 常见台架试验

（1）汽油发动机台架试验

汽油发动机台架试验结果是确定汽油机油质量等级的依据。

①MS ⅡD发动机试验：用来评定汽车在低温和短途行驶条件下的润滑油对阀组防锈蚀或腐蚀的能力，用以评定API SE、SF、SG级汽油机油。标准试验方法有SH/T 0512《汽油机油低温锈蚀评定法（MS程序ⅡD法）》。

②MS ⅢD发动机试验：用来评定润滑油高温氧化、增稠、油泥及漆膜沉积、发动机磨损的能力，用以评定API SE、SF级汽油机油。标准试验方法有SH/T 0513《汽油机油高温氧化和磨损评定法（MS程序ⅢD法）》。

③MS ⅢE发动机试验：用来评定发动机润滑油的高温氧化、增稠、油泥及漆膜沉积、发动机磨损的能力，以评定API SG、SH、SJ级汽油机油。标准试验方法有SH/T 0758。

④MS VD发动机试验：用来评定发动机润滑油抗油泥、漆膜沉积和阀组磨损的能力，以评定API SE、SF级汽油机油。标准试验方法有ASTM D6891。

⑤MS VE发动机试验：用来评定发动机润滑油抗油泥、漆膜沉积和阀组磨损的能力，以评定API SG、SH、SJ级汽油机油。标准试验方法有SH/T 0759。

⑥MS Ⅵ发动机试验：用来评定发动机润滑油的燃油经济性，以评定SG/GF-1、SJ/GF-2、SL/GF-3、SM/GF-4、SN/GF-5、SP/GF-6级汽油机油。标准试验方法有ASTM D8114、ASTM D8226等。

⑦MS Ⅳ发动机试验：用来评定发动机润滑油的低速早然现象，是指当发动机转速不高（常见1000～2500r/min区间）、扭矩输出较高时，燃油和机油的混合物在火花塞正常点火之前发生的自燃现象，以评定API SN PLUS、SP级汽油机油。国外标准试验方法有ASTM D2891。

⑨MS Ⅹ发动机试验：用来评定发动机润滑油的正时链条磨损情况，以评定API SP级汽油机油。国外标准试验方法有ASTM D8279。

（2）柴油发动机台架试验

柴油发动机台架试验结果是确定柴油机油质量等级的依据。

①L-38发动机试验：用来评定润滑油在高温条件下的氧化和轴瓦腐蚀性能，以评定API CD、CF、CF-4级柴油机油。标准试验方法有SH/T 0265《内燃机油高温氧化和轴瓦腐蚀评定法（L-38法）》。

②卡特皮勒1K试验：用来评定润滑油的环黏结、活塞环和汽缸磨损、活塞沉积物生成倾向，以评定API CF-4、CH-4、CI-4级柴油机油。检测方法有SH/T 0782柴油机油性能评定法。

③RFWT滚动随动件试验：用来评定润滑油对滚动随动轴的磨损，以评定API CG-4、CH-4、CI-4级柴油机油。检测方法有ASTM D5966。

④康明斯ISB试验：用来评定由烟炱引起的滑动随动件设计中的阀系磨损，以评定API CJ-4、CK-4、FA-4级柴油机油。检测方法有ASTM D7484。

⑤康明斯ISM试验：用来评定装配EGR发动机的烟炱引起的阀系磨损和腐蚀，以评定API CJ-4、CK-4、FA-4级柴油机油。检测方法有ASTM D7468。

⑥卡特皮勒C13试验：用来评定发动机铁活塞沉积物和油耗，以评定API CJ-4、CK-4、FA-4级柴油机油。检测方法有ASTM D7549。

⑦Mack T-11、Mack T-12、Mack T-13试验分别用来评定烟炱分散性及相关黏度增长、烟炱引起的轴瓦与缸套磨损以及热稳定性试验，以评定、CK-4、FA-4级柴油机油。检测方法有ASTM D7156、ASTM D7422、ASTM D8048。

（3）齿轮油台架试验

①CRC L-37高扭矩试验：用来评定齿轮润滑剂承载能力、磨损及极压特性，以评定API GL-5车辆齿轮油。国外标准试验方法有美国FTM 6506.1《高扭矩后桥试验》。我国行业标准试验方法有SH/T 0518《车辆齿轮油承载能力评定法（L-37法）》。

②CRC L-42高速冲击试验：用来评价齿轮润滑剂的抗擦伤性能，以评定API GL-5车辆齿轮油。国外标准试验方法有美国FTM 6507.1《高速冲击试验》。我国行业标准试验方法有SH/T 0519《车辆齿轮油抗擦伤性能评定法（L-42法）》。

③CRC L-33齿轮润滑剂的潮湿腐蚀试验：用来评价含水齿轮油对金属零件的腐蚀情况，以评定API GL-5车辆齿轮油。国外标准试验方法有美国FTM 5326.1《齿轮润滑剂的潮湿腐蚀试验》。我国行业标准试验方法有SH/T0517《车辆齿轮油锈蚀评定法》。

④CRC L-60齿轮润滑剂热氧化安定性试验：用来评定齿轮油的热氧化安定性，以评定API GL-5车辆齿轮油。中国标准试验方法有SH/T 0520《车辆齿轮油热氧化安定性评定法（L-60法）》。国外标准试验方法有美国FTM

2504 CRC L-60《热氧化安定性试验》。CRC L-60-1是在满足CRC L-60基础上，增加了油泥和漆膜评分，用来评定MT-1手动变速器油和PG-2油热氧化安定性。

（4）液压油台架试验

叶片泵试验采用V-104叶片泵评定泵的总磨损量，以试验后叶片泵和定子总失重的毫克数来表示。中国标准试验方法有SH/T 0307《石油基液压油磨损特性测定法（叶片泵法）》，GB 11118.1《液压油》附录A的双泵（T6H20C）试验。国外标准试验方法有美国ASTM D92882、英国IP 281 V-104叶片泵试验法。